世界自然遺産やんばる　目次

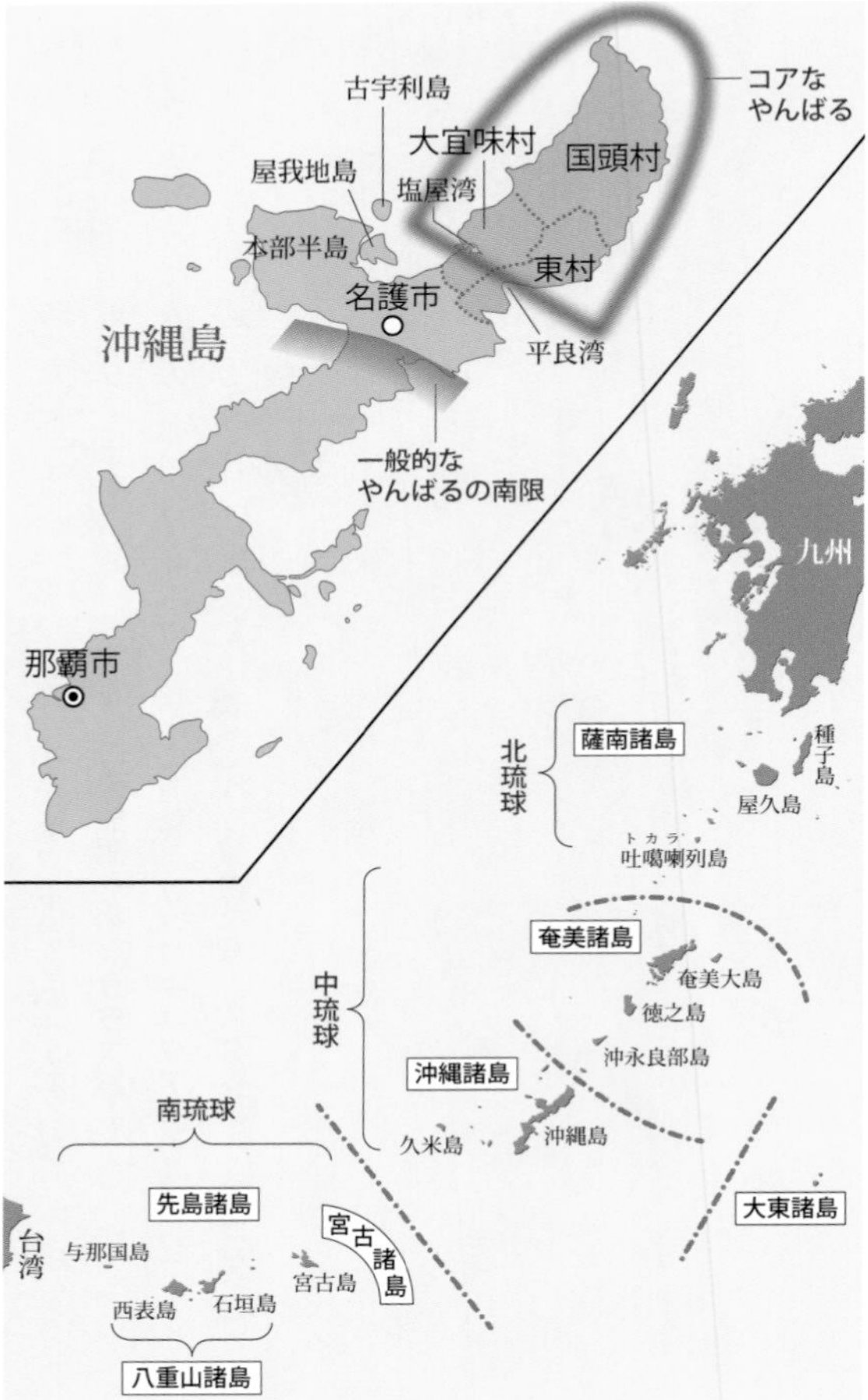

図版：谷口正孝
編集協力：安倍晶子（安倍企画）

序　章　琉球列島
――世界唯一の自然はこうして生まれた

かつて大陸とつながり、多くの生き物を受け入れてきたやんばるはやがて海に閉ざされ、その深い森で多くの生物を涵養《かんよう》してきた。なぜ固有種が多く、また擬態するものが多いのか。生物多様性の理論をまず紹介する。

やんばるの森は多くの生命を抱いている

琉球列島とは

世界遺産の理念は、人類にとって「顕著な普遍的価値」を有する自然や人工物を守るため1972年にユネスコで採択された。文化遺産、自然遺産、複合遺産の3種に分かれ、特に自然遺産の場合は「自然美」「地形・地質」「生態系」「生物多様性」のいずれかで顕著な価値が認められなければならない。もちろん、それを十分に保護管理しうる体制や法律の整備も評価の基準となる。

今回、「奄美大島、徳之島、沖縄島北部および西表島」が世界自然遺産に登録された。ということは、すなわち私たち日本人がその価値をきちんと学び、それを保全する任務を世界に託されたことを意味する。やんばるの生き物たちのガイドに入る前に、この章では登録地域である琉球列島の、またその中心であるやんばるの「生物学的な普遍的価値」とはどんなものか、を簡単に説明してみたい。

まず本書でいう琉球列島は、九州の南である大隅《おおすみ》諸島・吐噶喇《とから》列島から台湾島《たいわんとう》まで多くの島々で描かれた弧（琉球弧）のうち、吐噶喇列島の小宝島《こだからじま》〜八重山《やえやま》諸島までの亜熱帯地域を指す。奄美諸島、沖縄諸島、宮古《みやこ》諸島、八重山諸島などで構成されており、やんばるはそのほぼ中央である沖縄島の北部、特に国頭《くにがみ》3村《そん》（国頭村・大宜味村《おおぎみそん》・東村《ひがしそん》）の林野の通称だ（10頁）。

やんばるの特殊性をより深く理解するため、世界と琉球列島の関係、歴史や自然までいったん視界を広げてみよう。

やんばるがホットスポットである理由

琉球列島を構成する島々は、かつて大陸と陸続きだった「大陸島《とう》」である。ガラパゴス諸島や小笠原《おがさわら》諸島など海のなかにポツンと存在する「海洋島」の場合、渡り鳥や流木に乗って島に漂着できるものなど、移動能力の高い生物から進化がスタートするのに対し、大陸島には多くが陸づたいで来たものたちが取り残されて生息している（イノシシやハブなどは自力で海を渡れないのだ）。ゆえに各島の生物相は、そこがいつ大陸とつながっており、いつ水没していたかの歴史に決定づけられる。琉球列島の場合、湿潤亜熱帯の環境が生き物たちの多様性をさらに進化させた。

かつて、19世紀の博物学者ウォレスらは動物の分布に基づいて世界を6つの地域（生物地理区）に分類した。その後、太平洋の島々を含む区や南極が加わって8つ、また近年はもっと精査した11の生物地理区で区切る説も提唱されているが、いま注目したいのは日本と琉球列島が所属するふたつの区、「旧北区」と「東洋区」だ。ユーラシア大陸のほとんどとアフリカ北部を含む前者に日本の大部分（吐噶喇列島の悪石島《あくせきじま》以北）が属し、吐噶喇列島小宝島から南の琉球列島は東洋区に属する。インド亜大陸と東南アジアのほとんどが属する区である。

旧北区である本州から東洋区の琉球列島を訪ねるとまず、目に飛び込んでくる植物がまったく違うことに気づく。見慣れたスギ、イチョウなどはなく、ソテツやアダン、ヒカゲヘゴの木など南の島の樹木が並ぶ光景が、高温多湿とともに目の前に広がるのだ。

この2地区を隔てているのが、水深1000mの吐噶喇海峡である。この海峡の北と南で生息する生物相が異なることを発見した学者の名前から、境界は「渡瀬《わたせ》線」とも呼ばれている。258万〜170万年前（第三紀鮮新世《せんしんせい》末）、琉球列島は九州から台湾まで大陸沿いに陸橋でつながっていた。それが170万〜100万年前（第四紀更新世《こうしんせい》初期）に吐噶喇海峡が陥没し、列島は2地域に分断された。島々は九州側と琉球側に分かれたのちも、それぞれ海面の上昇によって水没しかけたり、下降によって九州や台湾越しに大陸とつながったりを繰り返したと考えられている。

豊かな水と光に恵まれたやんばるは、多くの生命を育んできた

こうした変化は2万年前頃まで続いたが、その間いちども水没しなかったのが標高の高いやんばるだ。ここでは太古に大陸から歩いて渡ってきたもの、飛んできたり漂着したりしたものらが取り残され、長い時間をかけて独自に進化してきた。やんばるにしか見られない固有種が多く生息するゆえんである。亜熱帯地域は東洋区だけにあるわけではないが、大陸の生物を受け入れながら長く固有の進化を遂げたという点で、やんばるは最もホットな生物学の研究対象なのである。

進化論でみるやんばる

生物学の視点でやんばるを考えた際、特に興味深いのは「固有種の多さ」「多様な種分化」「擬態する生き物の多さ」と「体《たい》サイズの変化」だ（本書の1章以降では、それぞれのテーマに対応させて生物を紹介している）。

これらの特徴が生まれた理由を考えるには、進化の法則を思い出す必要がある。

進化の定義は「世代を経て生じる集団中における遺伝子頻度の変化」である。頻度の変化は「自然選択」と「遺伝的浮動」というふたつの原因で起こる。

まずダーウィンが提唱した自然選択について説明しよう。

①生物の個体に「変異」が起きる　②そのうちある種の変異が他に比べて多くの子孫を残す方向へ働く、すなわち自然環境に「選択」される　③その変異の一部は親から子へ「遺伝」する——という3つの条件があれば自然選択は働く。選択圧には気候だけでなくその地に棲みついた天敵や寄生虫、病気もある。それらの襲撃をうまくかわして子孫を残せる仕組みをもった個体がより多くの子孫を残せる。これは、必ず起きる変化だ。

一方、遺伝的浮動とは、まったく偶然によってある特徴をもった個体や種が生き延びて子孫を残したり絶滅したりする現象をいう。ダーウィン以降に発見された概念である。

先述したように、大陸とつながっていた当時の琉球にはさまざまな生物が地上を移動し

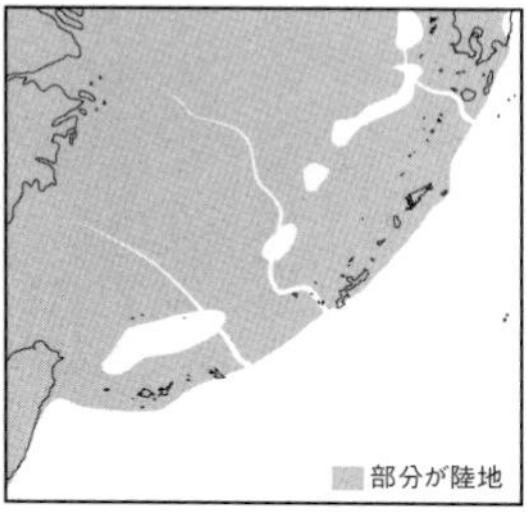

200万～170万年前。琉球列島は大陸の一部

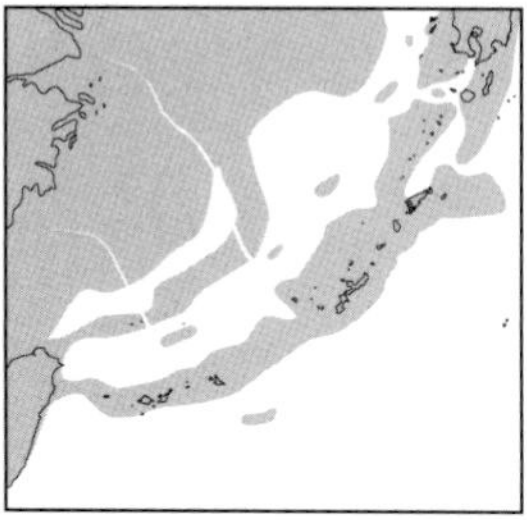
170万～100万年前。渡瀬線が開く

100万～40万年前。現在の海岸線に近い

てくることができた。ところが海面の上昇によって低い部分が沈むと、たまたま標高の高いやんばるにいた生物だけが取り残されることになる。そこには自然環境が生物を選択する仕組みはまったく働いていないから、例えばやんばるにイノシシがいてヤマネコがいないのは遺伝的浮動の結果といえる。

ただし、イノシシをやんばるに適した小型のリュウキュウイノシシに進化させたものは自然選択だ。こうした自然選択と遺伝的浮動の繰り返しが、その地に暮らす生物の遺伝子頻度を変え、固有種（特定の地域に限定して分布する生物種）を多く生み出す。

琉球列島は海で隔絶された場所であり、遺伝的浮動というある種の「くじ引き」が頻繁に生じる。もともとは同じ生物種であっても、隔離後はそれぞれの島に適応した姿かたちや生き方が自然選択によって生き残っていく。すると各島に棲む生物たちはその外見からだけでなく、遺伝子レベルでも異なる種とみなされるようになる。そのため琉球弧では多様な種分化が生じてきた。島ごとに異なる亜種がいるモリバッタ（84頁）がその典型だ。

さらに、やんばるのなかでも種分化は生じている。いくつもの渓流や山地の尾根があるやんばるでは、例えば分散力の低いトゲオトンボは2種に種分化している。まさに生物多様性のホットスポットなのである。

最北端から見たやんばる（国頭村・辺戸岬）

ひしめく生命の多様なギミック

やんばるでは「擬態」も多様だ。低緯度であるほど狭い地域に多くの生物種数が生息するという「ラポポートの法則」にしたがって、南には生物が多数生息する。種数が多ければそれだけ、生物同士の相互作用も強くなる。それが警告色、隠蔽色《いんぺい》、一方の性が艶《あで》やかになる性選択、社会的なコミュニケーションなどさまざまな現象を生み出す。鮮やかな色彩の進化もそのひとつだ。するとそれだけまねうる要素も多く、結果的に南日本では擬態する生物が多くなる。

擬態には地味に背景へ溶け込む隠蔽擬態の他、まずい生き物同士の姿かたちが似る「ミュラー型擬態」と、おいしい動物がまずい餌の色彩に似る「ベイツ型擬態」がある。ミュラー型は多くのハチ類が黄色と黒のシマ模様を基調としている例や、多くのまずい甲虫《こうちゅう》が赤い警告色であるやんばるの例（116頁）が挙げられる。これに対してベイツ型では、警告色の赤い色彩に似る（実はおいしい餌の）赤い甲虫たちの例がある。第3章で見るように、やんばるではいずれの擬態も多く進化する。

先にやんばるの特徴として挙げた4点目の「体サイズの変化」については、「フォスターの法則」があてはまる。島には小型動物が大きくなれない原因となる大型の捕食者や大型のライバル種が存在しないため、同種の動物同士で餌資源を奪いあう競争が最も重要となり、小動物は巨大化する。やんばるだと、これにはケナガネズミが該当する。一方で大型動物は餌資源が不足するため、リュウキュウイノシシのように小型化する――これがフォスターの法則だ。

そうしたさまざまな生物学的テーマをまのあたりにできる一方で、やんばるの生物のなかにはその生態調査が十分に進んでいない種も多い。生息数が少なすぎて仮説が立てられるほど観察記録が揃わないのだ。貴重さだけが明確でその生き方はいまだに「謎解き中」、という生物たちについては第5章にまとめている。

では次の章から、やんばるの驚くべき生き物たちを具体的に紹介していこう。

第1章　固有種
——「やんばる」独自の進化を遂げた生物たち

固有種とは、地球上のその場所でしか見ることのできない生き物をいう。琉球列島でも、やんばるはきわめて固有種の多い地域。この孤立した湿潤亜熱帯の森では、数十万〜数千万年の時間をかけて亜熱帯に適応したたくさんの生き物が、独自に進化してきた。

ヤンバルクイナの発見はこの地を一躍、有名にした

カブトムシより大きい日本最大の甲虫

ヤンバルテナガコガネ

絶滅危惧
ＩＢ類
(EN)

国指定天然記念物

Cheirotonus jambar

●甲虫類
コウチュウ目
コガネムシ科

分布:沖縄島
体長:
47～65㎜(♂)/
46～57㎜(♀)

8月も下旬に入るとヤンバルテナガコガネ〈写真①〉がやんばるの森に現れる。1983年に発見され、日本最大の甲虫の座をカブトムシから奪った虫だ。

その年の9月15日、国頭村にあるダムの作業員がとても大きな甲虫を見つけた。ダムの電灯に飛んできたのだ。彼は見慣れないその虫を同僚のお孫さんにプレゼントした。小学生のお孫さんが喜んでそれを学校にもっていったところ教師の目に留まり、見たことがない虫だと驚いて知人の高校の理科教諭に見せた。教諭は、あわてて琉球大学の教授に連絡を入れる。大学に届いた個体はすでに死んでいたが、教授はそれがテナガコガネの一種だと確信した〈このオス個体の標本〈写真②〉は現在も琉球大学博物館に大切に保管されている〉。この大きな甲虫は翌1984年に、分類学者によってヤンバルテナガコガネと名付けられた。

①樹の幹にいたヤンバルテナガコガネのオス

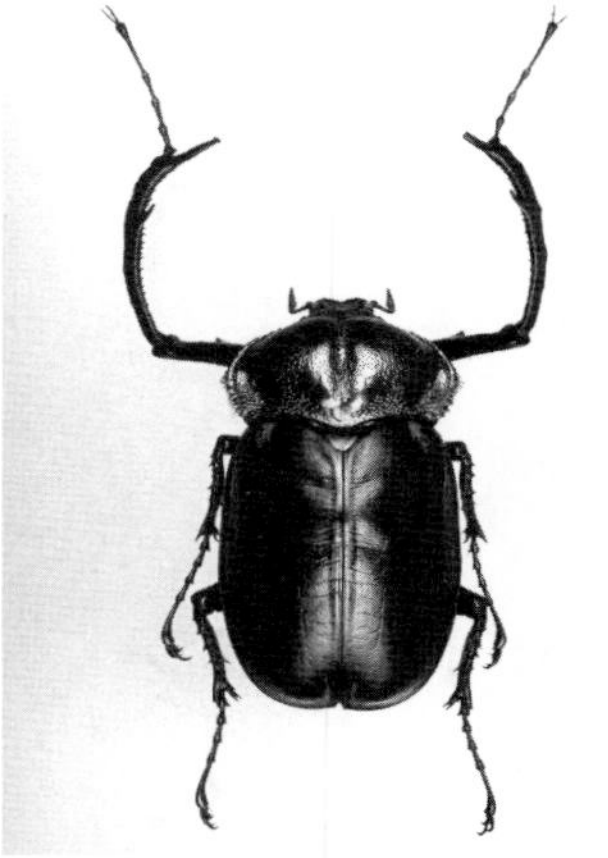

②琉球大学に保存されている、最初に発見された個体の標本

大発見にわく琉球大学教授らのチーム（ちなみに湊も参加していた）がその後、発見地のダム周辺を詳しく調べたところ、ヤンバルテナガコガネはやんばるの森を代表する樹木であるスダジイやオキナワウラジロガシ等の大木のウロ（樹洞、写真③）に棲んでいることが分かった。

成虫は8月下旬からウロの外に現れ、10月までやんばるの森で活動する。このあいだに交尾をしたメスは、大木のウロに堆積した腐植物の中に卵を産む。生まれた卵は3〜4年もかけて大きな成虫へと成長する。オスで65㎜にも達する体長に加え、前脚は90㎜近くもある。前脚から後脚を含めた全長は120㎜を優に超える、日本では圧倒的にいちばん大きな甲虫である。

ふだんオスはゆったりと樹の幹などを歩いているが、メスの匂いを感知したりライバルのオスと出会うと、前脚を上下に振りかざして非常に動きが活発になる。オスに対しては好戦的で、長い前脚で相手オスの体を挟んだり、前脚を体の下に入れて相手をもちあげようとする（写真④）。相手オスもこれに反応して激しく反撃し、両者が前脚で相手を挟もうと必死である。前脚が樹皮にひっかかったりすると、バリバリと音がして樹皮の破片が周りに飛び散るほどだ。

特に体サイズにあまり差がないオス同士が出会って対戦にいたると、どちらのオスも引き下がらず、戦いはどんどんエスカレートする。何度も激しく前脚で挟みあいを繰り返し、前脚をうまく相手の体の下に差し込み、前脚にあるトゲで相手の体をひっかけ、脚を上げて相手をもちあげ投げ飛ばしたオスが最後に勝者となる。そのオスが近くにいるメスと交尾できるのだ。

オスは長い前脚を戦いだけでなく、交尾にも使う（写真⑤）。メスを囲い込むのである。なにも紳士的にメスを守っているわけではない。この虫で調べられたわけではないが、生物界においてオスがメスを交尾中にガードするのは、まず、他のオスに自分が交尾しているメスを横取りされないためである。

ヤンバルテナガコガネの発見は、他の琉球列島の固有種などと同様に、およそ2000万〜1500万年前の琉球列島が大陸とつながった地域であったことを示していた。

③このようなウロのある大木で繁殖する

テナガコガネの仲間は現在、インド、マレー半島、タイ、ベトナム、中国大陸南部、台湾にかけて分布が確認されている。鳥取県でもテナガコガネの化石が出土しており、日本が大陸とつながっていたとされる約2000万年前には本州西部にもテナガコガネがいたことがうかがえる。そしてその後、陸橋の多くが東シナ海に水没して沖縄島が残った際、そこに茂った亜熱帯原生林にこの甲虫は生き残ったのだ。

そして当初は、鳥取にいたのと同じテナガコガネが台湾とやんばるの森にのみ取り残されて現在まで生き残ってきたと思われていた。ところが2010年になって遺伝子レベルで解析が行われると、ヤンバルテナガコガネは中国に分布するヤンソンテナガコガネに近

④戦う２匹のオス

⑤交尾ペア。前脚の短いメスが下側

いことが分かった。ヤンバルテナガコガネの祖先は、大陸から琉球列島にかけて広く分布する別の種だったのだ。

そうはいっても、やんばるに生きるテナガコガネは現在、世界に分布するどのテナガコガネとも姿かたちや遺伝子を異にしている。テナガコガネ属のなかでは前脚があまり発達していないなど、原始的な特徴を色濃く残してひっそりと存在してきたのである。

彼らがやんばる以外の他の地域では見られない理由として、移動能力が低い（堅い鞘翅《しょうし》の下に飛ぶための翅《はね》はあるが、ごく短距離しか飛べない）ことの他に、その大きな体サイズが考えられる。

メスは1回の産卵で、樹にできたウロの中に10～20個しか卵を産まない。卵が孵化《ふか》して幼虫になる確率もきわめて低いとされる。そのため無事に大きく育つには、捕食者の目を逃れられる大きな樹のウロの中で成長の時間を長くかせぐ必要がある。だからヤンバルテナガコガネの発生は胸高直径《きょうこうちょっけい》の大きな巨木に限られている。巨大なヤンバルテナガコガネを育《はぐく》むには、ゆったりと流れる時間と守られた場所が必要なのだ。そんな巨木が残っている土地は今、琉球列島のなかでも非常に限られている。

ちなみにこうした巨木は奄美大島にもあるが、かの地にヤンバルテナガコガネはいない。

一般に、生息数が少ない生物ではメスがオスに出会う機会もとても少ない。台風や大雨で巨木が被害にあうと、繁殖ができなくなって絶滅する悲劇も起こりうる。奄美でテナガコガネが見つからない理由には、沖縄島より寒暖差が激しいのに加え、こうした気象条件の偶発的変化があったのかもしれない。言い換えるとやんばるでも今後、大きな気象災害や人為的な攪乱《かくらん》が発生しただけで、ヤンバルテナガコガネが絶滅する恐れはある。

今や外国産の大型カブトムシやクワガタ、ハナムグリを店舗やネットで購入することができる時代である。これは1999年11月に植物防疫法が改正され、植物を害しない範囲での輸入が解禁されてしまったからだ。このため、これら日本にいるはずのない外国産の虫たちが、「かわいそうだから野外に逃がしてきなさい」という（おもに）親の命令によって国内に放たれ、繁殖する危険性が増している。屋外において外国産の虫が、古くから日本に生息する在来の昆虫たちに与える影響は計り知れないというのに、だ。生物好きを自任する人ならなおさらそこを自覚し、飼うならば最後まで、責任をもって飼ってもらえるとありがたい。

ヤンバルテナガコガネは人の手が入らない悠久の地、やんばるで進化してきた。この進化現象を人間の都合で変えてしまってはならない。

やんばるを有名にした飛べない鳥

ヤンバルクイナ

絶滅危惧IA類(CR)

国指定天然記念物

Hypotaenidia okinawae

●鳥類
ツル目　クイナ科

分布：沖縄島
全長：約30㎝

やんばるをドライブしているとよく見る標識がある（写真③）。黄色を基調とした看板に黒いヤンバルクイナの絵が描かれ、その下には「とび出し注意」と書いてある。

飛べない鳥・ヤンバルクイナ（写真①）が発見されたのは1981年だった。6月2日にフエンチヂ岳周辺で死骸が発見されたのを受けて鳥類学者が広域調査し、与那覇岳《よなはだけ》で初めて成鳥を捕獲、続けて幼鳥ともう1羽の成鳥を捕獲したのだ。発見したのは、日本の鳥類の研究拠点である山階《やましな》鳥類研究所を中心とした鳥学者たちだった。

調べつくしたと思われた日本の鳥類に、まさかの新種発見。この話題はメディアでも大きく報道され、やんばるを一躍有名にした。それまで、最新の発見には1922年のクロウミツバメがある程度で、それも博物館の標本を調べてみたら新種だと判明したケースだ。自然に生息している新種の鳥が発見されたのは1887年のノグチゲラ以来、実に100

①水辺に姿を現したヤンバルクイナ

③ヤンバルクイナの道路標識は地元に多数ある

②羽ばたくその翼は非常に小さい

年ぶりだった。ヤンバルクイナは発見の翌年、さっそく国の天然記念物に指定された。

地元の人に話を聞くと、実は公表の前にも「やんばるの山中に地上を歩くチャボほどの大きさの鳥がいる」とのうわさは1975年頃からあったそうだ。70年代の後半には「国頭村には新種のクイナがいるらしい」と分かってはいたという。宮竹は70年代に2回ほど、昆虫採集のためにやんばるを歩き回ったことがある。舗装されていない道に人けはなく、たしかに「ここならそんな変な鳥もいるだろうな」と簡単に納得させてしまうような雰囲気が、当時のやんばるにはあった。

さて、全長がおよそ30㎝のこの鳥は、背中の羽毛はオリーブ色か褐色、顔のあたりは黒く、眼の下からうしろにかけて白い筋がある。腹側は白と黒のシマ模様をしていて、くちばしは真っ赤で眼の輪郭も赤い。このシマシマ模様は樹皮などの背景に溶け込みやすい色彩で、一瞬見分けがつかないことも多い。隠蔽色なのだろう。

ご存じのように「日本で唯一の飛べない鳥」として有名になったが、無人撮影機などを仕掛けてその生活を覗いてみると、ヤンバルクイナは羽ばたくこともあり（写真②）、樹上から飛び降りたり、少しだけ（体の倍程度の高さだが）宙に浮くこともある。実際は「ほとんど飛べない鳥」であり、翼はバランスを取るのに使ったりしているようだ。

④この丈夫そうな肢に注目

しかし、もちろん日常の生活は歩行が基本となる。幼いヒヨコ時代からしっかりと力強く歩く力を身につけないと、餌を採るにも敵から逃げるうえでもおぼつかない。そのためヤンバルクイナは、体の大きさのわりに肢がしっかりとしている（写真④）。よほど速く走って敵から逃げられたものだけが生き残ったと思われる。

世界には飛べるクイナもいるため、ヤンバルクイナの祖先も大陸にいた頃は飛んでいたと考えられている。琉球列島が部分的に海没し、それぞれの島として取り残されて以来、肉食性の哺乳類がいないやんばるに取り残されたクイナの祖先は、敵から飛んで逃げる必要がなくなったのだろう。グアムにいる近縁種のグアムクイナもほとんど飛べないように、飛翔力を失ったクイナは他の島嶼にも多く存在する。鳥はそれだけ飛ぶことにエネルギーを割《さ》いてきたわけだ。襲われる敵がいなければ、飛翔力など発達させる必要はない。そうして世界中の島に生息していた飛べないクイナのなかには、すでに絶滅してしまったものも多い。

⑤満天の星と樹上のヤンバルクイナ

ヤンバルクイナが生き残り、そして絶滅が危ぶまれている現状には、沖縄島の歴史が関係している。先述したとおり、沖縄島には野生の鳥を襲う捕食者がいなかったからだ。人がやんばるに連れてきて野生化したネコ（ノネコと呼ばれる）や、猛毒ヘビであるハブの天敵として1910年、人為的に導入されたフイリマングースがやんばるにも分布を広げて定着しヤンバルクイナを襲うようになったが、フイリマングースやノネコはクイナにとって、せいぜいここ何十年かの脅威にすぎない。

この鳥で面白いのは、夜になると樹上で眠るという習性だ（写真⑤⑦⑧）。しかも眠るときには1本脚で眠ることが多い。体表面積を減らし体温を保持するためであろう。

⑥たいへん珍しい、寄り添うペアの姿

⑧羽毛に頭を埋めた個体

⑦１本脚で眠る個体

夜、やんばるの林道を歩いていると、枝の上に登って、眼をつぶって休んでいるヤンバルクイナに出会うことができる。1羽で眠るものもいるが、ときにはつがいで仲良く眠っている。2羽がハート型に寄り添っているような姿を見たこともある（写真⑥）。

クイナが登る樹種にも傾向はあるようだ。例えばリュウキュウマツやセンダンなど、樹皮がごつごつした樹は爪がかかりやすく、木生《もくせい》のシダであるヒカゲヘゴに登ることも多い。ヒカゲヘゴはほとんどが垂直に上を向いて生えているが、ときどき日当たりの関係で傾いた樹もあり、そういう樹はとても爪がかかりやすいため、ねぐらとして利用するようだ。過去の研究ではスダジイ、タブノキやその他多くの樹種で眠っている様子も観察されている。寝ていた場所の高さは平均すると6・7mであった。また撮影していると、月の明るい晩には樹上で眠るクイナが少ないことにも気づく。詳細は不明ながら、かつては天敵がいた、その名残《なごり》なのかもしれない。

明るい時間帯、クイナは平地の草原から山地の林床に暮らしている。

繁殖期の湊の観察では、下草につく蛾の幼虫などを目の前でパクッと食べる親鳥の様子が確認できた。それがミミズを見つけるや、とてもいいものを捕まえたという様子で巣へと走ってもっていく。ヤンバルクイナにとってミミズはいちばんのごちそうなのだろう。

⑨日に何度も水浴びをする

他によく食べるものとしてカタツムリがあり、クイナはカタツムリの殻をくちばしで上手に割って中身だけを食べる。そのためクイナのいるところにはカタツムリの割れた殻がよく落ちている。他に甲殻類、両生類、キノボリトカゲ、ムカデ、コオロギも食べる。これだけ餌の種類が多いのだから、雑食性のなかでも食性が広いといえる。

繁殖期は3月から7月にかけて。おもに草地や林内の地上に巣を作る。小枝や落ち葉をおもな巣材に浅い皿型の巣を作り、3～5個の卵を産むという。卵を抱くのは日中がメス親、夜間はオス親である。その理由は分かっていない。孵化したヒナは早成《そうせい》性《せい》で、孵化後2日ほどで巣を離れる。ヘビなどに狙われるため、できるだけ早く育つようなヒナだけが生き残った進化の結果ではないかと思われる。観察していると、クイナの卵やヒナはヘビの好物であるようだ。太古より餌食にされてきたのだろう。

ヤンバルクイナは水辺が好きで、よく渓流などに姿を現す。一日に何回も（特に朝夕）、頻繁に水浴びをする（写真⑨）。真冬でもやっているため、人間のように「暑いから水が恋しい」というわけではないようだ。一般的に鳥は羽毛につく寄生虫への対策で水浴びするといわれるが、ヤンバルクイナの水浴びを動画で見る限り、水はほとんど羽毛ではじかれている。クイナは地上徘徊性なのでダニなどにくっつかれる可能性も高いから、水浴びにはやはり、これらダニや寄生虫を水の勢いで取り除く効果があるのだろう。

近年、ヤンバルクイナはその生息区域がじょじょに狭まっている。1981年の発見当初は国頭村、大宜味村、東村で生息が確認されたが、2004年の調査では国頭村でのみ生き残っているという。また生息数も発見当時はおよそ1800羽（1500〜2100羽）と推定されたものの、2005年には580〜930羽と激減。その後少し回復して10年には845〜1350羽（東村での復活も確認された）、16年にはおよそ1500羽程度と推定されている。先に述べたノネコやフイリマングース以外に、野犬や車による交通事故も大きな脅威だ（写真⑩）。

2006年、国頭村で開かれた研究者会議では、このままではヤンバルクイナは18年から25年で絶滅する可能性がある、というシミュレーションが提出された。最短の18年であれば、2021年の時点でヤンバルクイナの絶滅まであと3年しかないことになる。長くてもあと10年だった。

こうした報告を受けて2014年、国頭村安田《あだ》にクイナを保護・研究するセンターが設立された。施設内でのクイナの保護と野外での生態研究を進めており、万が一のために室内でもヤンバルクイナの集団が維持されている。しかしなんといっても、野外の集団が絶滅してしまわないような対策が重要で、最近はマングースの駆除対策により個体数の回復も報告されている。

⑩野犬に噛み殺された幼鳥

巣にこだわりすぎて絶滅に直面？

ノグチゲラ

絶滅危惧
ⅠA類
(CR)

特別天然記念物

Dendrocopos noguchii

●鳥類
キツツキ目
キツツキ科

分布：沖縄島
全長：約30㎝

ヤンバルクイナとともに絶滅の恐れが最も高いノグチゲラは、やんばる固有種の留鳥《りゅうちょう》である。暗褐色の羽毛をもち翼には白斑がある、なかなか渋い色合いのキツツキの仲間だ（写真①）。

ノグチゲラの名前は、北海道で開拓使職員として働いていた野口源之助《のぐちげんのすけ》に由来する。ノグチゲラは1887年にヘンリー・シーボームによって新種として記載されたが、もととなる標本を提供したのは明治初期に二十歳《はたち》前後で来日した英国の商社マン、ヘンリー・プライヤーだった。氏は昆虫学者として『日本蝶類図譜』を著す一方、同邦の博物学者トーマス・ブラキストンとともに日本国内の鳥類を採集、分類した鳥類カタログを執筆した。その際、プライヤーの昆虫標本採集に助力したり、鳥類カタログを『大日本禽鳥《きんちょう》集』として翻訳するなどの多大な貢献をした野口に対して、プライヤーは敬意を表して「noguchii」と

①巣穴から飛び立つノグチゲラ。翼の白斑が特徴

いう名前をこの鳥に献じたとされる。ちなみに、「ベイツ型擬態」で有名なH・W・ベイツの著作にも日本の昆虫標本の採集者として「ノグチ」の名が記されている。同一人物だとすると、英語が堪能なだけでなく自然科学への理解が深い、明治期には稀有《けう》な日本人だったといえるだろう。

さて、ノグチゲラはアカゲラやオオアカゲラに比較的近い種類の仲間である。アカゲラがヨーロッパからユーラシア大陸、日本、東南アジアに広く分布するのに対し、ノグチゲラは、キツツキのなかで

②ヒナに給餌するメス

最も分布する範囲が狭い種といえる。

　ノグチゲラの行動には興味深い点がある。一般にキツツキの仲間はいちど巣穴を掘ると、その巣穴が使用に耐えられなくなるまで繰り返し使い続ける。しかしノグチゲラは1シーズン限りで巣を使い捨てるのだ。巣穴を掘るときは何カ所か試し掘りし、気に入らないとそこで巣作りをやめることもある。けっこう掘った穴でも放置して、違うところに行ってしまうのである。それほど、巣の場所選びに慎重な鳥なのだ。

　巣を作るには相当コストがかかる。効率が悪いのになぜ使い捨てるのか。その理由はアカマタやハブなどのヘビ類による捕食圧にあると考えられている。ノグチゲラの巣に侵入したヘビが卵やヒナを食べた例はときどき報告されており、湊自身も撮影中に、巣に侵入するアカマタを目撃したことがある。ヘビは頭がよく、巣穴の場所を学習するようだ。ノグチゲラは捕食者の再来を避け、巣穴を使い捨てにするのだと考えられる。

③給餌するオス。頭頂部の赤色が最大の特徴

ノグチゲラの巣穴が他のキツツキと異なる点はいくつかある。まずは巣穴を掘る箇所が樹の枯れた部分に限定されることだ。全体が生きている樹でも、巣穴を掘るところは枯れた幹だったりする。次に、ある程度傾いた幹に下向きに巣穴が開口している点。それにも理由がある。繁殖の最盛期が5月上旬〜6月下旬の梅雨時にあたるため、雨を避けているのだろう。亜熱帯の梅雨は、降ればほぼ決まって土砂降りである。雨水が入りにくい構造も、巣作りにとって重要なポイントのはずだ。他に、垂直な幹へ水平な巣穴を掘るとヘビが入りやすくなってしまうから、という可能性もある。

巣はなわばりとしても重要である。親鳥が餌を運ぶために出入りするためだけでなく、ノグチゲラにとって巣周辺は餌の供給源でもあるからだ。ノグチゲラは基本的に食虫性であり、おもだった餌は甲虫、特に倒木をつついて中にいるカミキリムシの幼虫を好んで食べる。また木の幹などに現れるバッタ、コオロギ、ゴキブリ、ムカデ、クモのたぐいも好物だ。ときには地上に降りてこれらの昆虫などをついばんだり、セミの終齢幼虫なども食べる。研究者の報告によれば、オス親は地上だけでなく地中をほじくって餌を捕り、メス親は樹上で捕まえる。理由は分からない。ヒナが育って大きくなると餌の増量剤として植物質のタブノキ、キイチゴ類、ヤマモモ、イヌビワ類、アカメガシワなどの木の実も頻繁にヒナに与えるようになる（写真②③）。

周囲に同種の競合者がいない斜めの枯れ木（もしくは部分的に枯れた幹）を毎年毎年見つけなければならない――つまり、ノグチゲラは営巣条件がとてもシビアなのである。

親は年1回繁殖を行う。卵を5個程度産むこともあるが孵化するのは3個前後、そのうち無事に巣立ちを迎えられるヒナの数は普通2羽ほどである。孵化から巣立ちまでの約4週間のあいだに、天敵に襲われてしまったりするからだ。最多で4羽巣立ちしたという記録もあるが、ときとして1羽しか育たないこともあるので、平均は2羽を下回っているかもしれない。

このように効率の悪い繁殖には別の原因も提唱されている。鳥研究者の観察によると、そもそもこの鳥は孵化率が悪く、そこには個体数が減っているがゆえの近親交配がもたらす悪影響があると考えられるのだという。

やんばるでのノグチゲラの生息数は、現在200羽から最大でも500羽くらいといわれている。生息範囲もきわめて狭く、近交弱勢《きんこうじゃくせい》（近親交配の結果、劣性遺伝が繰り返されて個体の形質が弱まること）の害が出ていることは十分に考えられる。

ノグチゲラはオスだけ、頭に赤い帽子をかぶったような色をしている。メスの頭頂は暗褐色で、ヒナはオスもメスも赤である（写真④）。オスだけ色や模様が異なる生物はたいていメスへの性的アピールのためだが、ノグチゲラのオスの帽子の赤は、求愛との関連が今のところ観察されていない。

ノグチゲラはいちどつがいが形成されると、どちらかが死ぬまでペアを変えない一夫一妻である。なんとも貞淑な鳥なのだ。驚くべきことに9年間ペアを維持した夫婦も観察されている。巣は変えるけど、夫婦はずっと一緒……もしかしたら、引っ越しをするのは新鮮さを保つための秘訣なのか。鳥の恋心は分からないが、世に引っ越しマニアがいるように、新しい刺激を求めて常に巣を変えているのなら、ノグチゲラはたいへん偉い夫婦といえるかもしれない。

明治以前は沖縄島中部の恩納岳《おんなだけ》まで生息していたとされるが、その後、生息域は狭まり、現在は基本的にやんばるの塩屋湾《しおやわん》と平良湾《たいらわん》を結ぶライン以北にのみ生息する。脅威はハブ退治のために人間がもち込んだフイリマングースと、捨てられて野生化したノネコであるが、近年になって名護《なご》市内で繁殖している観察例が複数出たのは喜ばしい。さらなる研究を待ちたい。

④幼鳥はオスもメスも頭が赤い

愛くるしい瞳は「性の秘密」を語るのか？

オキナワトゲネズミ

絶滅危惧IA類(CR)

国指定天然記念物

Tokudaia muenninki

●哺乳類
ネズミ目
ネズミ科

分布：沖縄島
体長：11.2〜17.5㎝

やんばるに生息する天然記念物16種のうち、最も遭遇する難易度が高い生物がオキナワトゲネズミであることは間違いない。１９８０年頃までは与那覇岳近くの林道でわりと見られたというが、その後ほとんど姿を見かけなくなり、絶滅も心配されたほどである。湊がやんばるでトゲネズミの撮影に成功（写真①）したのは１９９２年だった。以下、少し長くなるが、その「撮影秘話」を紹介したい。

当時、オキナワトゲネズミの写真といえば１９７５年に撮影された1枚のフィルムに写る、跳ねている小さなネズミだけだった。湊はなんとしてもこいつを撮影しようとやんばるに通ったが、何年経ってもトゲネズミに会えないでいた。ところが90年代に入って自動撮影装置のノウハウが工夫され、野生動物にも使えるようになる。さっそく湊もこれを導入し、トゲネズミの撮影に取り入れることにした。場所は、トゲネズミが食べたと思われるマツボックリの残骸が多い林床だ。それでもフィルムにはクマネズミが写るばかり。そんな状況をこのネズミのグループを調査している研究者に相談したところ、「やんばるではもうトゲネズミは絶滅したと思う」という返事が来てがっかりしたこともあった。

　それでも場所を変え日を変え、何度も撮影に挑戦した。そしてある日、国頭村のある地域でサワガニとカタツムリの殻の破片が散らばっているのを見つけた。あたりには初めて見る形の巣穴もたくさんある。予感がして自動カメラをセットすると、なんとその晩に撮れた36枚のフィルム、すべてにトゲネズミが写っていたのだ（写真②）。この写真は「17年ぶりにオキナワトゲネズミの撮影に成功」という見出しで雑誌『科学朝日』に掲載された。

①自動撮影でようやく写ったオキナワトゲネズミ

　オキナワトゲネズミは、基本的には雑食性である。ドングリを巣穴の中に貯蔵する性質もある。写真を見ると瞳がクリッとして、とてもかわいい。

　基本的に夜行性なので、撮影するならもちろん夜に出かけなければならない。しかし目視《もくし》でシャッターを押せたのは42年間でわずか3回。自動撮影ならいざ知らず、実物を目の前にして撮影するのは至難のわざなのだ（最初の撮影場所には翌年も通ったが、見当たらなかった）。本当に写真家泣かせである。

さて、2000年代に入るとやんばるでのトゲネズミの観察事例も増え、トゲネズミ類の形態とDNAが調べられるようになった。それにより、奄美大島の南西部に分布するトゲネズミ、徳之島に生息するトゲネズミ、そしてやんばるに棲むトゲネズミは別種であることが判明し、それぞれアマミトゲネズミ、トクノシマトゲネズミ、オキナワトゲネズミと名付けられる。

そしてこの3種のネズミからは、生物学的にたいへん面白い事実が発見されている。性染色体が特殊なのだ。

古くから、アマミトゲネズミとトクノシマトゲネズミにはY染色体が存在しないことが知られていた。判明した当時は「ついにY染色体のないオスが発見されたか」と話題になったが、その後の調査で、両種のオスネズミはY染色体をもたず、性染色体はX染色体が1本しか存在しない、つまりXO型であることが判明した。するとメスはXXと予測できるが、これらネズミではなんとメスもXOであり、X染色体1本しかなかった。

②捕食したカタツムリの殻が右側に転がっている

私たち哺乳類はメスがXXの染色体をもち、オスはXYの染色体をもつ。そしてY染色体を含んだXY初期胚《はい》の中で、未分化生殖腺にSRYという精子を形成する遺伝子が働いてオスの体ができる。これは哺乳類の常識であり、オキナワトゲネズミもそうなっている。しかし先述したように、近縁種であるアマミトゲネズミとトクノシマトゲネズミではY染色体が存在しない。それどころか、両種には精子形成に必要な遺伝子、SRYも存在しないことが分かったのである。

しかし、彼らには現にオスがいてメスもいて交尾して子ができる。「トゲネズミ属が進化する過程でSRY遺伝子に代わる新たな性を決める遺伝子が獲得されたのではないか」と研究者は予測しているが、まだメカニズムは謎に包まれている。可能性が高そうなのは、「性染色体ではない常染色体Xのどれかが性決定の機能をもつよう変化した」という仮説だろうか。

近縁種がY染色体をなくしている以上、オキナワトゲネズミの染色体にも当然注目が集まった。そして最近の研究が、オキナワトゲネズミのY染色体は逆に、他の哺乳類では考えられないほどゲノムサイズが大きいことを明かしたのである。どうもオキナワトゲネズミの場合、XとY染色体に別の常染色体が融合して長くなっているらしい。

詳しいメカニズムはまだ分からないが、研究者はこれらトゲネズミの特殊な性染色体について、Y染色体が脅威にさらされる危機的な状況が祖先を襲ったせいだと考えている。徳之島と奄美のトゲネズミでは、その危機を回避するために新規の性決定遺伝子が獲得され、精子決定遺伝子であるSRYは消えてしまった。一方、オキナワトゲネズミでは危機に瀕してY染色体が常染色体とくっついてしまうというアクロバティックな進化が生じて、性に関する染色体が巨大化したのではないか、というのだ。こんな哺乳類は、世界で他に知られていない。私たちオスがオスである根拠を調べるという科学的重要性をかんがみても、オキナワトゲネズミにはぜひ、やんばるで生き続けてもらわねば困る。

ところがこのオキナワトゲネズミ、1990年代は国頭村の南部でも確認されていたが、2000年以降は同村でもかなり北の地域でしか観察されなくなった。最大の脅威はフイリマングースだと考えられるが、クマネズミがオキナワトゲネズミを追いかける様子も撮影されているため、クマネズミも生存を脅かす存在のようだ。

その生息個体数がとても少ないだけでなく、近交弱勢による病気抵抗力や生存力の低下もオキナワトゲネズミでは懸念されている。生物多様性の維持という喫緊《きっきん》の課題としても、このネズミの保護は非常に重要である。

③ミミズを捕食
している成獣

④まだ幼い特徴
が残る亜成獣

ホントウアカヒゲ

怖がりなのに好奇心旺盛、赤い宝石みたいな鳥

絶滅危惧IB類(EN)

国指定天然記念物

Larvivora komadori namiyei

●鳥類
スズメ目
ヒタキ科

分布:沖縄島
全長:約14㎝

やんばるで出会える愛くるしい鳥である。アカヒゲは、ロビンという愛称で親しまれるコマドリに比較的近い仲間だ。

ホントウアカヒゲの背面はオレンジ色、腹部は白色をしている。命名の由来には赤い毛=アカヒゲの他に、オスだけが額から喉、胸にかけて生やす黒い羽毛がヒゲのように見える(写真③)から、というふたつの説がある。メスには黒い部分がなく、顔から腹部にかけて灰白色である(写真①)。幼鳥にもこのヒゲはない(写真②)。

沖縄島の常緑広葉樹林に唯一の個体群が確認されている、やんばるの固有亜種である。この鳥には、とても警戒心が強いのに好奇心も強いという特徴がある。

やんばるの公園の人工柵の上などにとまっているのを見ることがあり、例えば撮影してやろうとするとなかなか近寄らせてもらえないが、こちらが静かに他の作業に集中してい

ると、アカヒゲのほうから「なにやってんだろう」といわんばかりにやってきて、作業を覗き込んできたりもする。「ヒー、ヒョリヒョリヒョリ」などとリズミカルにさえずり、なかなかかわいらしい（さすがに他の動物が巣に近づいたときなどには、「ヒィー」という警戒音を発する）。

別亜種のナミアカヒゲで繁殖行動が観察されているので紹介しよう。この愛くるしい姿をしたアカヒゲ、仲むつまじいつがいをよく見かけるが、実は浮気者だ。繁殖期は4月下旬から8月頃までで、基本的には一夫一妻制である。が、同じ時期にふたつの巣に餌を運んでいるオスがいることが近年、人間の観察でばれてしまったのだ。

オスもメスもなわばりを作り、そのなわばりを防衛する。巣材は竹の一種であるリュウキュウチクやマツ類の枯葉などが多い。1～5個の卵を産み、親は卵を11～15日抱いて孵化させるが、無事に巣立ちを迎えられるヒナの数はおよそ3羽である。

さて、2007年に公表されたアカヒゲ類の詳細な遺伝子解析の結果によると、吐噶喇列島、徳之島、奄美大島に生息するナミアカヒゲと、やんばるに棲むホントウアカヒゲには亜種レベルの違いがあることが分かった。ふたつの亜種は羽色も異なり、さらに翼端の形も異なっている。

①ホントウアカヒゲのメス

②幼鳥にも黒い模様はない

例えば吐噶喇列島のアカヒゲは秋に先島諸島(宮古諸島+八重山諸島)まで渡りをするが、やんばるに棲むホントウアカヒゲは留鳥である。吐噶喇列島のナミアカヒゲは翼端がとがっており、長距離飛翔に向いている。一方、ホントウアカヒゲの翼端は丸みを帯びていて、森の中の機動性に優れているという。

アカヒゲ類は完全に食虫性で、植物質の餌はまず食べない。よく地面でミミズとかイモムシ、ケムシのたぐいを食べている。吐噶喇列島で行われた調査でもチョウ、ハエ、カメムシ、バッタ、ゴキブリ、シミなどの昆虫の他、クモ、ムカデ、ミミズなどをよく食べることが分かった。

近年は、やんばるにおけるホントウアカヒゲの分布地域もまた狭まっている。

③額から胸にかけてがヒゲのように黒いオス

リュウキュウヤマガメ

日本でたった2種、陸に生きるカメ

絶滅危惧Ⅱ類(VU)

国指定天然記念物

Geoemyda japonica

●爬虫類
カメ目
イシガメ科

分布:沖縄島、久米島、渡嘉敷島
背甲長:7〜15㎝

ほとんど水の中に入らないカメが琉球列島に2種類生息する。ひとつが八重山諸島に生息するヤエヤマセマルハコガメで、もう1種が、やんばるにも生息するリュウキュウヤマガメ(写真②)だ。どちらも陸上生活に適応したカメである。彼らは泳げないわけではないが、ほとんどの時間を陸上ですごしている。たしかに、熱帯では陸上で暮らすカメが多いようではある。最近、ペットとして流行のリクガメの仲間がそうだ。

リュウキュウヤマガメは沖縄島と渡嘉敷島《とかしきじま》、および久米島《くめじま》に分布している。以前は本部《もとぶ》半島でも見られたが、最近は国頭3村で比較的観察できる程度だ。生息地は山地にある自然林か、それに近い林の林床である。陸上生活に適したとはいうものの、湿った場所を好み、渓流域で多く見られる。雨が降る湿度の高い日によく観察される。

水中で生活しない理由のひとつは、その食性にあると考えられる。このカメは、ときどき地上に落ちている木の実も食べるが、ほとんどミミズやカタツムリなど、陸上にいる生き物を食べているからだ。カタツムリなどは殻ごとバリバリと食べてしまう。

産卵は4月頃から始まって数カ月続き、7月頃には孵化した子亀が見られる。親亀はいちどに1、2個、1シーズンで2、3回、産卵する。

このカメ、英語でリーフタートル（Ryukyu black-breasted leaf turtle）というのだが、葉っぱに似ているというネーミングはなかなかセンスがいい。たまに幼体のカメ（子亀）が林床にいると本当にサイズと形が枯れ葉そっくりで、見分けがつかないのだ（写真①）。大きさとしては、孵化時は背甲長《はいこうちょう》で約3・5㎝ほどであり、成体になると約15㎝くらいにまで成長する。背甲の色は褐色をベースとするが、赤みが加わっている場合もある。個体によってわりと差があるようだ。大きく成長すると甲羅の厚みが増すため、とても葉っぱには見えず、小さな岩や石に見える。林床の渓流沿いの土地では、それが色彩的に大きなカムフラージュ効果をもたらす。第3章「擬態」の典型的な事例である。

しかし、その擬態が最近ではあだとなっている。舗装された林道に出てきてもまるで石や小さな岩のようで（写真③）、たびたび車にひかれてしまうのだ（写真④）。ここ100年の自動車文明においては隠蔽的な姿がかえって悲劇になっており、やるせない。

①子亀は枯れ葉と区別がつきにくい

生息数の減少は現場でも実感する。昔は頻繁に目にしたのに、最近はやんばるに通っても年に数えるほどしか目にしないのだ。奥地に入ると「まだこれだけいたのか」と感動するほどの数がいることもあるが、特に人里に近いところでは出会う頻度が激減している。激減の理由は、車以外に捕食者の存在も大きい。カラスやアカマタ、イヌ、ネコが捕食者として考えられるが、人為的に導入されたフイリマングースが子亀を食う影響が特に大きいと指摘されている。子亀は体が柔らかくて食べやすいし、鼻がきく捕食者には擬態も通用しない可能性が高い。

また、交雑も種の存続を脅かしているようだ。ヤエヤマセマルハコガメとリュウキュウヤマガメの交雑種が保護された例がそれにあたる。セマル

②成体は背甲長15㎝ほどになる

ハコガメをやんばるで放してしまう人がいるようだが、セマルハコガメは天然記念物なので、やんばるで放すのはおろか八重山で捕獲するのも厳禁である。この2種は違う場所で進化してきた比較的近い種類であるため、互いに相手を違う種だと認識できずに交雑してしまうと考えられる。

③林道に出てきた成体

④車にひかれてしまった死骸

ゴジラ？　いいえ生きる化石

イボイモリ

絶滅危惧
Ⅱ類
(VU)

県指定 天然記念物

Echinotriton andersoni

●両生類
サンショウウオ目
イモリ科

分布：沖縄諸島、奄美諸島
全長：7.2〜20㎝

このイモリ、よくつけられる形容詞が「生きる化石」だ（写真①）。なにしろ1000万年前、もしくは2000万年前の地層からあまり変わらない姿の化石が出る。苦手な方にはグロテスクかもしれないが、この姿のまま数千万年もの時間を生き抜いてきたかと思えば、また感慨深い（写真③）。

グロテスクな印象のほとんどは胴体のイボからくると思われるが、これは肋骨など、左右に突出した骨格である（写真②）。その役割はまだ分かっていない。

このイボイモリ、ほとんど夜行性で昼間は石の下などに潜っているが、まれに昼間に遭遇することもある。見た感じはまるでゴジラのようだ。多くは黒い体色をしており、たまに赤褐色の個体も見られる。全長はオスで15㎝、メスでは20㎝にも達する。産卵期を迎えるメスでは体重が40ｇを超えることもあるとされる。陸上で生きる成体の餌は、陸産の貝

①正面から見たユーモラスな顔

類、ミミズ、ムカデなどの土壌動物が主食である。
不思議な両生類で、イモリなのにまず水の中に入らない。卵も林床の落ち葉の中に産みつけられ、孵化した幼体はなんと飛び跳ねながら渓流などの水に入っていく。幼体のあいだだけ水中で生活するのだ。
卵から孵化した幼生は、水中で2～3カ月をすごし上陸する。成長にかかる時間が長く、飼育されたメスの観察では、卵から成熟するまで4年ほどもかかるという。
こうした「本来、水が必要な生き物の仲間なのに水系に依存しない」生き方は、世界でも珍しいやんばるの環境がもたらした進化だろう。干ばつに対する適応と考えられるのだ。

やんばるはおよそ6月23日前後に梅雨明けして、そのあと1カ月ほど森の水分は保たれている。しかしその後の夏休みのシーズンは夏枯れになり、森は水気をどんどん失ってしまう。特に日中、昼行性の動物でも活動が低調になるほど森は乾燥する。森がうるおいを回復するかどうかは、亜熱帯特有の台風頼みになってしまうのだ。このように、夏場に水が安定しない環境では、温帯では水中生活をするカメやイモリなども陸上生活に適応せざるをえないだろう。やんばるに棲むもう1種のイモリであるシリケンイモリも、本土のアカハライモリより陸上生活に適応している。

12月から5月にかけて野外にいるオスの体表は粘液にまみれている。実験室内で抱接《ほうせつ》が観察された記録によると、オスはメスによろよろと忍び寄り、メスの体の周りを歩き回る。そしてオスは総排出腔《こう》から粘液性の糸をたらす。メスはオスが放つ粘液の糸に囲まれる。するとオスは体を揺らしながら総排出腔をこすりつけ、精子の入った袋である精包《せいほう》を、観察容器の小石の上に落とした——報告はここで終わっているが、野外ではこの精包をメスが受け取って受精すると考えられる。雨の日、メスは繁殖場所から産卵場所へと移動する。産卵は、渓流の水辺の落葉下など湿った場所で行われる。

②イボに見えるのは肋骨の先端である

③2000万年近くも前から変わらない姿

ナミエガエル

たくさんいるのに抱接はレアシーン

絶滅危惧IB類（EN）

県指定天然記念物

Limnonectes namiyei

●両生類
カエル目
ヌマガエル科

分布：沖縄島
体長：7.2〜11.7㎝

両生類にはイモリ、サンショウウオなどがいるが、最も種類が多いのがカエルである。日本では44種が知られており、沖縄県には17種の在来のカエルがいる。鳴く時期はそれぞれ違うので、ほぼ一年じゅう沖縄ではカエルの鳴き声を聞くことができる。

やんばるの林道でよく見かけるカエルは、小型種ではハナサキガエル。そして大型種でよく見られるのがこのナミエガエルである。遺伝子解析でなくその形態だけでやんばるの固有種と確認された唯一の両生類で、沖縄島北部の林床部にのみ生息する。

大型のカエルで、なんといってもがっしりした四肢と大きな頭が最大の特徴だ（写真①）。虹彩《こうさい》（ひとみ）がひし形をしているのも不思議な印象を与える。成熟したオスの肩部には明褐色のこぶ状の隆起があり、メスと区別することができる。口を開けると下あごに2本のキバ状の突起があり、この突起は、オスでよく発達する。

①流水の中から顔を出すナミエガエル

体格や武器が発達していることから、オス同士はメスをめぐって戦うものと考えられるが、実際の闘争行動はまだ誰にも観察されていない。ここは読者諸兄姉が世界で初めて、このカエルの配偶システムを明らかにしてみるのはいかがだろうか。くれぐれもハブには気をつけて観察してほしい。ハブはカエルが大好物だ。カエルがたくさんいるところにはハブもきっといると思うので。

さて、このカエルは渓流の近くに生息し、サワガニやエビなどの甲殻類をよく食べる。わりとグルメである。しかしトビケラなどの昆虫類、ミミズの大きいものも食べ、なんと他の種のカエルを食べるという凶暴さもあわせもつ。小石が糞《ふん》の中に混ざっていることがあるのは、水中で砂利ごと餌を食べているのではないかと考えられている。

このカエルは4月から7・8月にかけての特に初夏に繁殖するのだが、とても恥ずかしがり屋なのだろう。人のいるところではなかなか鳴かない。鳴き声を聞くチャンスに恵まれると、これが「ゴッ、ゴッ、ゴッ、ゴッ、ゴッ……」という、まるで蒸気機関車の走行音のような面白い鳴き方をすることが分かる。

比較的多く見かけるカエルではあるが、先述したように繁殖行動は観察されたことがほとんどない。写真②は本種のオスがメスに抱接しているところだが、これは撮影の難しい、珍しいシーンである。

産卵は河川の浅い砂泥地で見られる。直径2・2~2・5㎜の卵は、カエル一般によく見られるような塊でなく、ばらばらに産みつけられる。どうもいろいろとカエルらしくない。

しかし、オタマジャクシは、普通のカエルのように産卵場所の溜まりや渓流の淵などで暮らす。7~9月頃には肢が生えだし、やがて変態して、カエルとなって陸に上がる。水辺から離れた場所ではめったに見られない。夜行性で、日中は岩の割れめ、川岸の土の穴など湿度の高い場所にいるようだ。

②たいへん珍しい抱接シーン。上がオス

このカエルの近縁種は中国、ミャンマー、ベトナム、ラオス、マレーシア、インドネシア、台湾など東南アジアに広く分布している。台湾に棲むクールガエルの一種とは特に近縁とされている。

ナミエガエルは天然記念物なので触るのも許されないが、実は美味でかつては食用にされていたらしい。１９７０年代の初頭までは本部町《もとぶちょう》や名護市以北のかなり広い範囲に分布したといわれるが、今では国頭村、大宜味村、東村のいわゆる塩屋湾―平良湾以北でしか生息が確認されていない。これも人間による林道やダムの建設、森林伐採などで個体数が減っているためだと考えられる。

「オンッ」とおじいさんのように鳴く

ホルストガエル

絶滅危惧IB類(EN)

県指定天然記念物

Babina holsti

●両生類
カエル目
アカガエル科
分布：沖縄島、渡嘉敷島
体長：10〜13㎝

やんばるで見られるカエルのなかで最も大きく、見た目も立派だ（写真①）。背面は茶褐色で、側面が灰色、腹部は白い。体長は10～13㎝もあり（写真②）、メスとオスはほぼ同じ大きさである。このカエルは繁殖期には昼間から鳴いているが、鳴き声がなんといっても変わっている。ひと鳴き「オンッ！」と、まるで老人の咳払いのような感じの声を発するのだ。鳴くときには、鳴き袋を膨らませている。

奄美大島に生息する近縁種であるオットンガエルと、形態や鳴き声がよく似ている。塩屋湾と平良湾を結ぶラインより北、すなわち国頭村、大宜味村、東村の山地渓流では普通に見られるが、生息個体数などの情報は少ない。

天然記念物だから触ることはできないが、前肢（写真③）の第1指（カエルの前脚の指は普通4本）の内側に肉質の親指が発達し、そこからトゲのような骨が飛び出す。ヘタに触

①やんばるで見られるカエルでは最大

ると人間もそれで裂傷を負うことがあるといわれている。この骨がなんのためにあるのかは不明だ。

後肢はとても長く、よく発達した水かきをもつ。おもに山地の渓流沿いに生息し、4月下旬から9月中旬に、渓流の源流部の流れの浅いところや湿地の水たまりの近くで繁殖するための巣を作る。砂や泥に直径30～40cmほどの大きさの窪みを掘り、その窪みの周囲に盛った土の中に、メスは1000個ほどもの卵を産むのだ。イシカワガエルやハナサキガエルは冬に繁殖するが、このカエルは夏に繁殖する。

命を残すために必死な繁殖期は、やはり繁殖に集中しているようで、周りのことが気にならないらしい。メスをめぐる喧嘩でオス同士がエスカレートし始めると、撮影のために照明をあてても鳴き続けている。やんばるに生息する天然記念物のオキナワイシカワガエル、ナミエガエルなどに比べると、ずいぶんと警戒心が薄い。これほど警戒しない生物は捕食者などに食べつくされてしまうのではと心配するくらいだ。繁殖期の他は、森林内の林床に分散する。そのため林道や開拓地の周辺で目撃されることもある。

不思議なことに、やんばるの他に遠く渡嘉敷島にも生息するカエルである。遺伝子の解析から、ふたつの地域に生息するホルストガエルは、遺伝的には明瞭に区別はできるが、わりと近いグループであることが分かっており、この不思議な分布はふたつの島が鮮新世（533万～258万年前）後期と更新世（258万～1万年前までの期間）中期にかけて隔離されていたことと、更新世の氷河期にいちど陸続きになった可能性を示唆しているという。かつては名護市や本部町でもその姿が見られたという報告があるが、2003年以降にこれらの地域で見られたという情報はない。

このカエルは大きな獲物を好んで食べ、サワガニ、カタツムリ、渓流の近くに来た昆虫などを食べる。ときには小さなヘビも食べる。昔は人間が食用に捕獲するほど数多く生息していたというが、最近は開発のため、生息環境が急激に悪化している。

②全長10cm以上にもなるホルストガエル

③なぜか、前脚の親指に鋭いトゲがある

COLUMN ①

やんばるのおススメ食堂

沖縄そばから亜熱帯魚の寿司まで

前田食堂の一番人気「牛肉そば」。もやしと牛肉のトッピングから麺までの遠いこと……

やんばるでのフィールドワーク後、空腹を満たすのにおススメのお店を紹介しよう。まず、創業48年の前田食堂。定番メニューは「牛肉そば」と「焼肉おかず」。大宜味店と名護店があり、定休日が異なる。鮮魚メニューにこだわるなら国頭港食堂「みなと」。亜熱帯魚の寿司を味わうには「食事処みーやー」と「鮨はなぜん」。オオゴマダラの滑空する池を眺めながら沖縄そばや定食を楽しめるのは「やまびこ」。国頭３村共同施設「ゆいゆい国頭」（道の駅）のフードコートでは地元スイーツも含め、さまざまなメニューが選べる。

第2章　種分化

――「島」の環境が生物種を増やす

島は海によって隔離されている。飛翔したり海流に乗れる生き物は、別の島に行って繁殖し、遺伝子が交流するため、どの島でも同じ種として生き続けるが、そうでない生き物たちの遺伝子は島の中で孤立する。孤立した湿潤亜熱帯林・やんばるは、まさに種分化パラダイスである。

体色が鮮やかなリュウキュウハグロトンボのオス

同じ祖先から、島ごとで4種に分かれる

ハナサキガエル

絶滅危惧Ⅱ類（VU）

Odorrana narina

●両生類
カエル目
アカガエル科
分布：沖縄島
体長：4.2〜7.2㎝

ハナサキガエルはやんばるに生息するが、琉球列島内の違う島には近縁種のカエルもおり、これらはハナサキガエル種群と総称されている。島嶼地帯でそれぞれの島ごとに棲むカエル同士に遺伝子の交流がなくなり、そのうちカエルの遺伝子に突然変異が起こってその土地の環境に適応変化が生じ、やがて別種と区別されるようになる、「異所的種分化」の典型的な例だ。

ハナサキガエルは、やんばるの林道を歩いて最もよく出会うカエルである（写真①）。ほっそりとしていかにもカエルらしい体型をしている。体の色彩は個体によってばらつきがあり、褐色から背面が緑がかったものもいる。このカエルも大宜味村の塩屋湾から東村の平良湾を結ぶラインより北に生息する。

1〜3月の冬場、小さな滝壺のような場所にハナサキガエルは産卵にやってくる。2〜

①スマートな体型の、ハナサキガエルの横顔

3週間をかけ、1カ所になんと1000〜2000匹ものハナサキガエルが集まってくるのだ（写真③）。

集まったカエルのオスたちはピヨピヨという鳴き声を発している。まるでヒヨコみたいである。だらだらと2、3日にわたることもあるが、ほぼ決まって、とある一夜、いっせいに水の中に入って集団産卵をする。

集団で産卵するメリットとして最もありそうな理由は、捕食者からの回避である。カエルの天敵といえばなんといってもヘビだ。実際、滝壺にはハナサキガエルを食べようとしてヒメハブがうじゃうじゃと集まってくる。湊はいちど、わずか3畳ほどの小さな滝壺に、目の届く限りで13匹ものヒメハブが集まっているのを見たことがある。

ヘビがそれだけいるのも驚くが、十数匹のヘビに対して1000〜2000匹のハナサキガエルというのもすごい数である。さすがに食べきれまいと見守る前で、ヒメハブは次から次へとカエルを飲み込んでいた。カエルだって必死である。ヘビも水中では捕食できないようだから、多くのカエルが水底に殺到している。水ぎわでボーッと生きているカエルはヘビの餌食なのだ。そこで少しでも多い数のカエルがひとところに集まって、ほぼ一夜のうちに産卵をすませてしまうのだろう。

その一夜には「クライマックス」という表現がいちばん似合う。

オス・メスが集合する様子だけでなく、自分の遺伝子を残すためメスに精子をかけようと必死になるハナサキガエルのオスの姿も、またけなげである。１匹のハナサキガエルのメスに10匹以上のオスがしがみついてカエルダンゴ状態になることもある。10匹以上のライバルを相手に裸で（といってもカエルが服を着るはずもないので裸なのはあたりまえだが）メスを奪いあう姿は、まるで人間の男たちが宝木《しんぎ》をめぐって押しあいへしあう、とある町のはだか祭りを彷彿《ほうふつ》とさせる（そういえば、その祭りも真冬に行われるのであった）。

②無事、抱接にいたったペア

人間の男には福を持ち帰りたいとか、名を残したいとかそれぞれの理由はあるのだろうが、カエルのオスはとにかく少しでも自分の遺伝子を残したい一心だ。そのため野郎ガエルばかりが集まってメスにしがみつき、卵にひたすら精液をかける（写真②）。
たくさんのメスが集まっているが、怖いヒメハブだってたくさん集まってくるのだから、カエルのオスに自分が抱きつく相手が同種のメスかどうかなんて気にする余裕は残されていない。オスは石や浮木にだって抱きつくし、水中で死んだメスにも抱きついてしまう。カエルは体外受精をする生物なので、メスが産んだ卵に自分の精液を振りかけ、受精させることに少しでも長《た》けたオスが繁殖のうえで有利である。

卵から孵化したオタマジャクシは、しばらくは卵の抜け殻に食いつくようにぶらさがり、卵殻を食べて成長する。殻を食べつくすと水の底に潜り、やがて浅瀬に移って分散していく。ハナサキガエルはメスがオスよりも極端に大きいため、大きさだけで雌雄を見分けることができる。

温帯の真冬の渓流というと、つい生き物の気配のない静寂な場所を想像しがちだが、やんばるではカエルの鳴き声が常に響きわたっている。冬に繁殖時期を迎えて鳴いているカエルはリュウキュウアカガエル、オキナワイシカワガエル、ハナサキガエル、オキナワアオガエルの4種だ。真冬でもこうした「生命の響き」を渓流が包む、それが亜熱帯らしさといえるだろう。

ハナサキガエルは基本的に夜行性で、日中は他のカエルと同じく、岩の割れめや川岸の土の中の穴にひそんでいる。餌は陸産貝類やムカデ、昆虫などを好んで食べる。

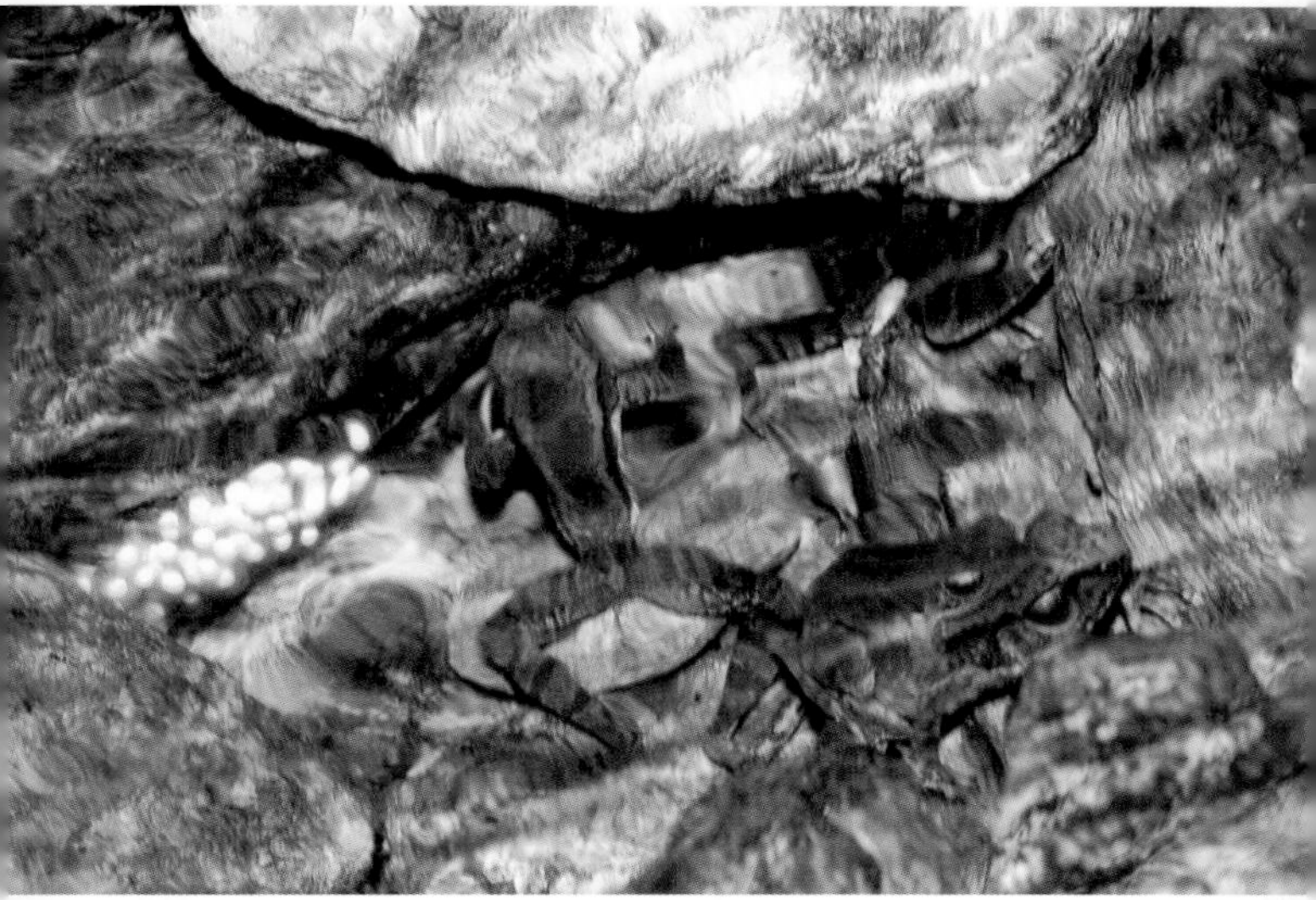

③水中に1000匹以上も集まって集団産卵を行う

④集団産卵が終わったあとにはパールのような卵塊が

緻密な生存戦略？　琉球列島だけで5亜種に分化

オキナワモリバッタ

Traulia ornata okinawaensis

●昆虫類
バッタ目
イナゴ科

分布：沖縄島
体長：
25～30㎜（♂）／約45㎜（♀）

やんばるの平地を歩いていると、ところどころゲットウと呼ばれるショウガ科の植物が生えている。この植物の葉っぱは方言でサンニンと呼ばれ、消臭や殺菌、防虫の効果があり、漢方薬としても使われて昔から人の暮らしに役立っている。林床にはゲットウの他に大小さまざまな大きさの、クワズイモというサトイモ科の常緑性多年草も生えている。ゲットウと違ってクワズイモには全体に毒があり、なめると口が真っ赤に腫れてしまったり、皮膚が弱い人は汁に触っただけでかぶれることがある。

さて沖縄には、そんなクワズイモやゲットウ、クマタケラン類の葉を主食とするバッタがいる。モリバッタだ。

どちらかといえばずんぐりとした姿をしていて、体長は2・5～5㎝くらい、一年じゅう姿を見ることができる。やんばるに生息するモリバッタ（オキナワモリバッタ・写真⑤）

は、全体的に茶色っぽく、後脚は黒っぽい色をしているが、後脚の先端近くのすねの部分が赤い。後翅《こうし》は背中から腹部の半分に届かないほど短く、飛べない。

さて、今、やんばるのモリバッタの特徴を先に述べたが、そのずんぐりした体型と後脚の先端の赤みは共通しつつ、琉球列島のモリバッタは生息する島によって5つの亜種に分かれている。生息地の東から順にアマミモリバッタ（写真①）、オキナワモリバッタ、イシガキモリバッタ（写真②）、イリオモテモリバッタ（写真③）、ヨナグニモリバッタ（写真④）だ。どの亜種も個体ごとの違いが大きいうえ、例えば南に行くほど体色が白っぽくなるなど、巨視的に見れば一定の変化のライン上に位置する一群ではあるが、それぞれの亜種ごとに典型的とされる姿かたちや色彩の特徴がある。

奄美大島に棲むアマミモリバッタは、茶色からほとんど黒色のものまでいて翅がとても長く、背中側から見ると腹部の先端まで伸びている。これを長翅《ちょうし》型と呼ぶのに対して、やんばるを含めて沖縄島に棲むモリバッタは短翅《たんし》型と呼ばれる（とはいえ長翅型もそれほど遠くに飛べるわけではない）。

一方、八重山諸島の石垣島《いしがきじま》に棲むモリバッタは、黒っぽい背中に明褐色の筋が頭から翅先まで伸びた長翅型である。脚は白っぽく、すねが赤く見えないものも多い。台湾に近い

①長い翅をもつアマミモリバッタ

②背に明褐色の筋と長い翅をもつイシガキモリバッタ

③5亜種のなかで最も派手なイリオモテモリバッタ

④イシガキに似ているが体色が白っぽいヨナグニモリバッタ

⑤全体的に茶色っぽく翅が短いオキナワモリバッタ

与那国島《よなぐにじま》に生息するバッタも、石垣島のものと同じく黒い体に2本の黄色い筋があり、後脚は明褐色である。

イリオモテモリバッタと名付けられた西表島に棲むモリバッタは、数あるモリバッタの亜種のなかでは最も派手なバッタだ。黒い体色に鮮やかな黄緑色の腹部と、背中にも2本の黄緑の線が入り、後脚は黒と黄緑のシマ模様である。またこの種だけ変則的に、すねの色が赤いタイプと青いタイプのふたつが混在する。すねに色の変異がある理由は分かっていない。そしてイリオモテモリバッタの後翅も長く、長翅型である。

生息する島によってこれほど姿かたち

の異なるモリバッタが生息するのも、島嶼における種分化（この場合は亜種だが）の結果であろう。飛ぶ力は強そうではないから、島が陸続きだったときに台湾か大陸から侵入してきたモリバッタは、大陸の海没後それぞれの島に取り残され、独自の姿かたちに進化したと考えられる。

翅の長短や体の模様の有無に法則性があるようには思えないことから、これらは必要に迫られた結果、つまり自然選択ではなく、遺伝的浮動による分化だと思われる。

「?」と思った方のために、実際の生物であらためて遺伝的浮動を説明してみよう。

沖縄島のはるか東、大東島《だいとうじま》に大東犬《だいとういぬ》という品種の犬が生息する。四肢がとても短いのが特徴で、なぜこの犬の四肢が短くなったのかは、自然選択でも遺伝的浮動でもいちおう説明できる。

無人島だった大東島は1900年以降、おもに八丈島《はちじょうじま》からの移民が開拓したといわれる。彼らがこの島に犬をもち込んだと考えられるが、このときに最初に連れてこられた犬がたまたま短足だったので、その子孫として繁栄した大東犬がすべて短足だというのが遺伝的浮動による説明である。こちらは真相に近い説だと考えられている。

一方、まったくの冗談として自然選択による説明を試みてみよう。

まず仮定を置く。もともと大東島には短足の犬もいれば足長の犬も生息していたとしよう。大東島は台風銀座とも呼ばれ、毎年、夏になると大型の台風がやってくる。風速50m以上の猛烈な風がびゅんびゅんと吹き荒れるため、足長の犬は、野原や海岸を駆け回っているときに風に吹き飛ばされて、海に落下してしまうだろう（台風が来れば犬だっておとなしく隠れているはずなので、実際にはそんなことは起こらない）。だが、そう仮定すると足長の犬は短足の犬に比べて子孫を残せなくなる可能性が高くなる。長期的に見ると、大東島には短足の犬だけが生き延びることができるのだ（冗談ですよ）。これが自然選択による進化である。

やんばる以外でも沖縄の林や公園の奥など、さまざまなところにクワズイモはたくさん自生している。その大きな葉をめくってみてほしい。モリバッタに出会えると思う（ただしハブにはご用心）。

翅の長さや体の色がさまざまに異なる5つの亜種を見比べていると、これらの変化が「たまたま派手なやつが島に残って増えた」のか「その島では派手なやつしか生き残れなかったのか」、つまり種分化の原因がそれぞれ遺伝的浮動なのか自然選択にあるのか、生物学者としては興味が尽きない。

オキナワマルバネクワガタ

飛ぶのがヘタなクワガタは変異の宝庫

絶滅危惧Ⅱ類（VU）

Neolucanus okinawanus

●昆虫類
コウチュウ目
クワガタムシ科

分布：沖縄島
体長：46～67㎜（♂）／40～52㎜（♀）

クワガタムシは飛ぶのがヘタである。だから樹を揺すると落ちてきて、そのまま死んだふりをしたりする（一般的に、よく死んだふりをする虫には飛ぶのがヘタなやつが多い）。しかしクワガタは、飛ぶのがヘタゆえに種分化がさかんになり、マニア心をくすぐるのだ。本州や四国でも棲む山の尾根が違うと大あごの形が少し異なるほどだから、まして琉球列島のクワガタともなれば「種分化王座」の殿堂入りである。いわゆるリュウキュウノコギリクワガタがアマミ・トカラ・トクノシマ・オキノエラブ・オキナワ・クメジマ・イヘヤなど多くの亜種に分かれているだけでなく、さらに八重山諸島には別種のヤエヤマノコギリクワガタも存在している。

そしてやんばるに棲むクワガタのうち近縁種が多いものといえば、なんといってもオキ

①大あごが大きいオス

②大あごが小さいオス

ナワマルバネクワガタだ（写真①）。ほとんど飛ばず、林床を歩いて移動する。

1984年に初めて記録された比較的新顔のクワガタで、オス・メスとも体色は黒色、型はやや平たい。沖縄島固有種のオキナワマルバネクワガタと、石垣島・西表島に棲むヤエヤママルバネクワガタ（与那国島にはこれの亜種、ヨナグニマルバネクワガタもいる）、石垣島と西表島の固有種であるチャイロマルバネクワガタの3種類がいて、みごとに島ごとに種分化している。

他のクワガタは大あごの突起が内向きに発達するのに対し、マルバネクワガタは上向きにも発達している（以前はタテヅノマルバネクワガタと呼ばれていた）。またオスの大あごの形は体の大きさに比例し、形も変化する。戦うための武器をもつクワガタなどの甲虫では、大型と小型のオスで武器の形が異なる種が非常に多い。その場合、大型は戦《いくさ》にあけくれ、他のオスを排除してメスとの交尾を手に入れる。小型のオス（写真②）はすきを見てメスを奪ったり、大型オスのいないところまで分散してメスを探す戦術に出て子孫を残すのだ。マルバネクワガタのオスの大あごもその例に漏れないわけだが、他のクワガタと著しく異なる上向きのやや大きな歯状突起は他にないほど珍しく、クワガタマニアの心をくすぐった。結果、マルバネクワガタは乱獲され、ここ10年ほどはやんばるでもよほど奥地に行って探さないと見かけないくらい激減してしまった。以前は林道を歩いていると、ときどき見かけたのに。

オキナワマルバネクワガタの成虫がやんばるに出現するのは9月中旬～10月下旬。幼虫はスダジイなどの古い樹のウロ（樹洞）に溜まった腐植質を食べ、卵から2年かけた夏に蛹《さなぎ》になり、秋に成虫となる。不幸なことに、このサイクルはヤンバルテナガコガネの出現期と半分くらい重なるため、両方を採集しようとこの時期、多くのコレクターがやんばるに入った。成虫を採集するだけならまだしも、朽木やウロの中に入っている幼虫をぜんぶ掘り出したり、朽木を崩したりして根こそぎ採集したのである。環境破壊によって生息密度が下がっているところへ、この採集圧は壊滅的なダメージを与えたといっていい。

こうした状況を受けて２０１６年以降、このクワガタは採集禁止になった。一部の人たちの乱獲によって一般の人たちが虫を楽しむ自由も制限される事態を招いたとすれば、本当に異常なことだと思う。

ここ数年は、国頭村が夜間の林道通行を許可制にした。環境省も専門スタッフを募ってパトロールを行っている。さらに２０１９年の秋、沖縄県は国頭村内を通る林道の通行規制を強化した。そんな対策が功を奏してか、近頃は採集者やコレクターも減っている。

派手なアーミールックで専守防衛

オキナワイシカワガエル

絶滅危惧IB類(EN)

県指定天然記念物

Odorrana ishikawae

●両生類
カエル目
アカガエル科
分布:沖縄島
体長:10〜13㎝

オキナワイシカワガエルは大型で、草緑色にこげ茶色のまだら模様の派手な色合いをしている(写真①)。一部では日本で最も美しいカエルといわれ、例えば背景の白い水槽で見ればたしかに「なんと派手な色彩のカエルだ」と思ってしまうだろう(天然記念物なので想像するだけだが)。しかし昼間、やんばるの渓流沿いの苔むした岩盤上などにこいつが座っていると、背景色に同化して、探すのさえひと苦労だ。つまり敵に見つからないための隠蔽色だといえるが、基本的には夜行性なので、背景と同化した色が夜にどれだけ役に立つのかは分からない。捕食者は主にヘビであろう。ヘビは嗅覚《きゅうかく》が発達しているため、暗闇のなかではアーミールックも役に立たないはずだ(写真③)。幼体(子ガエル)には、まれに青い個体も見られる。

冬の低温期(12〜3月)に繁殖を迎えると、やんばるの渓流沿いではたびたび「キョー

①一見、派手な色だが、みごとに背景に溶け込んでいる

②求愛のため鳴き袋を膨らませて鳴くオス

ッ」とか「ヒュウッ、ヒョウッ！」という奇声が聞こえ、そのあとに「グル、グル、グル」という鳴き声が続く。これはオキナワイシカワガエルのオスの求愛歌だ。オスは鳴き袋を膨らませて求愛の歌を唄う（写真②）。繁殖場所である穴の中で鳴いているオスを撮影するのはとても難しいのだが、2019年の2月のとある夜には、渓流沿い100mくらいのあいだに10匹以上のオスがいた（けれども鳴くシーンが撮影できたのは2個体のみだった）。もちろんメスは鳴かない。オスの求愛歌をひたすら聞き分けているのだろう。

ほらの中からは通常、いろいろな発育ステージの卵が見つかる。これはオスの求愛歌に誘われて次々と複数のメスがほらを訪ねて産卵するため、卵がさまざまな発育段階になると考えられている。繁殖期以外は水辺から離れた林内でも活動し、夜には林道などで見られることもある。成体のカエルはサワガニやヤスデを食べる。

日本固有でやんばると奄美大島での生息が知られているが、以前はどちらも同じイシカワガエルとされていた。2011年に奄美のイシカワガエルはやんばるとは種類が違うとされ、沖縄島に生息するものだけをオキナワイシカワガエルと呼ぶようになった。その後、奄美大島のイシカワガエルはアマミイシカワガエルと名付けられた。

やんばるに棲むオキナワイシカワガエルは2016年に環境省によって国内希少野生動

③苔むした岩の上に静止する

植物種に指定された。現在の生息域は、大宜味村の塩屋湾以北と推定されている。以前は名護市や本部町でも見かけられたというが、１９９０年代以降、名護市でも目撃例はない。

ちなみに夜、このカエルが鳴く姿を撮影するのはたいへん難しい。懐中電灯の光を頼りに探そうにも、真っ暗にしておかないと鳴かないからだ。しかも10分とか20分にひと声。たまに2回連続で鳴く。見つけたら構図を決めて真っ暗にして、ちょっとでも鳴き声が聞こえたらシャッターを押す。ゲコゲコと連続して鳴くヒキガエルとは事情がまるで違う。

犬？　イタチ？　果実を食べるコウモリ

オリイオオコウモリ

準絶滅危惧（NT）

Pteropus dasymallus inopinatus

●哺乳類
翼手目
オオコウモリ科

分布：沖縄諸島
体長：約21㎝（前腕約13.5㎝）

　コウモリと聞けば、皆さんは夕闇せまる空にヒラヒラと飛んできて虫を食べる小さなコウモリを想像するだろう。アブラコウモリをはじめ本州でよく見られるコウモリはみんな虫を食べる。

　ところが琉球列島や小笠原《おがさわら》諸島には、果物を食べて、イヌかイタチかと思うほどばかでかいオオコウモリ属の仲間が生息する。基本的に夜行性であるが、昼間も餌を食べに出かける姿をよく見る（写真）。フルーツバットなのでリュウキュウマメガキ、モモタマナやシマグワの実などを食べる。10～12月に交尾し、4～6月にかけて子どもを産む。やんばるでミカンやビワなどを栽培している農家さんは、このコウモリがかなりの頻度で熟した果実を食べにくるため、果樹園全体をネットでおおうこともある。

　オリイオオコウモリはクビワオオコウモリ（もしくはリュウキュウクビワオオコウモリ）

昼間も活動するが、夜間のほうが活発

の沖縄諸島固有亜種である。なんといってもこのクビワオオコウモリはでかい。体長は19～25㎝に達し、体重は337～583gもある。沖縄島にはかつて、オキナワオオコウモリという本種に近縁な種類のコウモリもいたという記録があるが、今では絶滅している。
オオコウモリも琉球列島などで多様に亜種分化した生物の仲間だと考えられ、エラブオオコウモリ、ダイトウオオコウモリ、ヤエヤマオオコウモリなど、琉球列島のうちなんと19の島で彼らの仲間が暮らしている。よく飛ぶイメージのコウモリだが、オオコウモリの仲間が島ごとに異なる亜種へ進化を遂げている現状を見ると、その分散力は島嶼間を飛べるほどではないのだろう。

高いところが苦手なヤモリ

クロイワトカゲモドキ

絶滅危惧Ⅱ類（VU）

県指定天然記念物

Goniurosaurus kuroiwae kuroiwae

●爬虫類
トカゲ目
トカゲモドキ科

分布：沖縄島、瀬底島、古宇利島、屋我地島
全長：15〜18㎝

一見、忍者のような目つきだが、ふだんの動きはゆっくりしており、天敵が近づいたりすると林床を走って逃げる。危険を感じたときは俊敏だ。また天敵に捕らえられそうになるとすぐに、きれいなその尾を自ら切ってしまう。これを自切《じせつ》と呼ぶ。危険を感じただけで尾を切って捨てるところを、湊はまのあたりにしたこともある。

まだ自切したことがない個体は、リング状の白い横シマ模様の尾が大きなアクセントになっている（写真①）が、再生した尾はまだら模様になる。ガラスヒバァ、ハイ、ヒメハブなどのヘビが最大の天敵だが、他にナミエガエルも捕食者として知られている。野外ではまだら尾の個体のほうが多く観察され、再生尾の比率が高いからには、ヘビ類に襲われる局面が多いと考えられる。尾の自切は有力な逃走手段なのだ。

この種のユニークな特徴として、ヤモリなのに指に吸盤機能がない点が挙げられる。ヤ

モリといえば、よく垂直な壁面や天井の裏面を走り回っている俊敏なやつを思い浮かべるだろう。あれは吸盤機能をもつ指下板《しかばん》という器官で張りつくから走り回れるのだ。ところがクロイワトカゲモドキは、壁にも登れない。一般に原始的なヤモリにはこの能力がないとされる。ヤモリのくせに高いところは苦手なのだ。完全夜行性なので、夜になるとひたすら地上を徘徊している。

このヤモリの行動は研究者によってていねいに観察されている。それによると、観察時間のうち動いていた時間は2割程度で、その他の時間帯はじっとしていたそうだ。オスもメスも幼体も、動いているよりも止まっている時間のほうが圧倒的に長い。しかし、じっとしていて餌が近づいてきたときにパッと食いつく一般的なヤモリに比べると、それでも動き回る行動は多いのだという。この観察結果は、本種が待ち伏せ型の捕食者ではなく、地上徘徊性の餌探索型捕食者であることを示している。

このクロイワトカゲモドキは、ときに前肢を前後に互い違いにふんばってオレンジ色の眼を前にギロッと向けることがあり、見得《みえ》を切る歌舞伎役者のようだと湊は感じることがある（写真②）。

低温の冬期には洞窟や岩のすきまに入る。活動は低下するが冬眠はせず、暖かい日には外に出てくる個体もいる。繁殖期の4〜7月に活動性が高まり、6〜7月によく動き回る。メスは5月下旬から8月下旬にかけて2、3回ほど、いちどに2個の卵を産む。食べ物はワラジムシ、ムカデ、徘徊性のクモ類など、なぜか脚の多い徘徊性の生き物が好みのようだ。湊は、たまに訪れる別の島で近縁亜種のトカゲモドキが捕食するシーンを目撃、撮影したことはあるものの、最も観察頻度が高いクロイワトカゲモドキの捕食シーンにはいちども遭遇していない。謎である。

クロイワトカゲモドキはやんばるを含む沖縄島に広く分布し、本部半島周辺の瀬底島《せそこじま》や屋我地島《やがじしま》、沖縄島中南部でも生息が確認されている。ただし限られた環境に小さな集団で生息しているようであり、年々個体数は減っている。やんばるではノネコやフイリマングースなどによる捕食も本種の減少に影響するとされる。

亜種は多く、久米島、渡名喜島《となきじま》、慶良間《けらま》諸島と伊江島《いえじま》、伊平屋島《いへやじま》、徳之島などに分布する。これらも分散する力が弱いために、琉球列島の地形変化とともに取り残されたそれぞれの島で独自に遺伝子変異を起こしたと考えられる。

①まだ自切したことのない尾をもつ個体

②歌舞伎役者が見得を切っているように見える、再生尾の個体

溪流の「国境」で棲み分ける

リュウキュウハグロトンボ
ヤンバルトゲオトンボ
オキナワトゲオトンボ

やんばるの渓流に生息するトンボのなかでも代表的な種類に、リュウキュウハグロトンボとヤンバルトゲオトンボがいる。やんばるではトンボも多様で面白い。

生息数の多いリュウキュウハグロトンボは、オスの体色がメタリックグリーンでとても美しい。オスがメスより派手できれいなのは、メスが体色でオスを選んでいる性選択の証《あかし》だ。オスは渓流を使って求愛をする。ゆるやかな流れに身を浸し、翅を広げて浮かぶと、何秒間か流されるあいだに尾をもちあげて、メスにオレンジ色をした尾端の裏側を見せる。

Matrona basilaris japonica（リュウキュウハグロトンボ），*Rhipidolestes shozoi*（ヤンバルトゲオトンボ），*Rhipidolestes okinawanus*（オキナワトゲオトンボ）

●昆虫類
トンボ目
カワトンボ科（リュウキュウ）/
ヤマイトトンボ科（ヤンバル / オキナワ）

分布：沖縄島、徳之島、奄美大島（リュウキュウ）/沖縄島（ヤンバル）/沖縄島、渡嘉敷島（オキナワ）
体長：約64㎜（リュウキュウ）/
約34〜41㎜（ヤンバル）/
約37〜43㎜（オキナワ）

これがオスの求愛のサインである。渓流がないと繁殖もできないのだ。やんばるで水の流れがいかに大事かが分かる。この種ではオス同士のなわばり争いも激しく頻繁で、オス同士が2匹で水面の上を追いかけっこするさまはとてもきれいだ。

交尾は多くのトンボで見られるようにハートマークを作るが、産卵時はつながっておらず、単独産卵である。渓流に浮かぶ朽木や植物の根っこなどに産卵するケースが多いものの、メスが完全に水に潜り、深いところに産卵する場合もある。このときオスはやはり、パートナーのメスを他のオスにとられないよう近くで守っている（写真①）。

もうひとつ、この種で特徴的な行動がある。ふだんとまっているときは閉じている翅を、飛んでいて舞い降りてきた直後などにぱっと広げるのだ。わずか1秒間くらいだが、これも本当に美しい。メスもこれは行う。おそらくなわばりの存在を誇示するディスプレイ行動なのだろう。

渓流にはトゲオトンボもいる。なぜトゲオかというと、オスの尾端近くに用途不明の小さなトゲがあるからだ。1951年に「リュウキュウトゲオトンボ」と名付けられたものが94年に「オキナワトゲオトンボ」に改称され、2005年にやんばるでもより北部に棲むものが独立して「ヤンバルトゲオトンボ」と名付けられた（写真②）。翅の先端が少し

①産卵するリュウキュウハグロトンボのメス（右）と警護するオス（左）

暗褐色に染まっているのが、オキナワトゲオトンボのほうの特徴である（写真③）。

やんばるでは平南川《へなんがわ》を境に比較的南部にいるのがオキナワトゲオトンボ、北部にいるのがヤンバルトゲオトンボとよくいわれるが、渓流という地形上の特徴から、境界線がかなり入り組んでいたり、両者が混在する箇所もあるようだ。にもかかわらず彼らが互いに交雑せず、別の種として生殖隔離している事実はたいへん興味深い。

謎解きの鍵はトゲオトンボの移動能力の乏しさにあると考えられる。このトンボはヒラヒラヒラと舞い上がったかと思うとすぐ近くに降りてきて、なかなか遠くに飛んでいかない。分散力の低さが種の多様性を生むのだろう。

②ヤンバルトゲオトンボ

③翅の先端が暗褐色になっているのがオキナワトゲオトンボ

COLUMN②

やんばるの共同売店

沖縄発のユニークな組合システム

明治39年創業の奥共同店。現在の店舗は3代目

やんばるの集落で必ず目にするのが「○○共同店」の看板を掲げた商店。これは沖縄独特の販売システムで、物流の発達していなかった時代からやんばるの人々を支えてきた生活用品や農業資材を取り扱う店だ。同時に生産物の共同出荷も担った。ただし個人経営ではなく、生協のように各集落の住民が共同出資し、運営権は入札で決める。発祥は国頭村奥《おく》集落で明治39年。薪炭材の集積地ながら陸の孤島だった集落で運輸、金融、発電、酒造までも手がけていた。しかし、近年の物流の発達で、共同店は減少の一途をたどっている。

第3章　擬態

——生物が密集する「南」ならではの進化

赤い花々、サンゴ礁の青、新緑の緑。原色のきわだつ亜熱帯の島は生き物たちもカラフルだ。南に行くほど生息する生物種の種類も多く、目立つ色彩をまねるもの、ひっそりとジャングルに紛れるものなど、さまざまな擬態が進化する。

いまだに謎が多いコノハチョウの擬態

コノハチョウ

有名な枯れ葉への擬態はどう使う？

準絶滅危惧（NT）

県指定 天然記念物

Kallima inachus

●昆虫類
チョウ目
タテハチョウ科

分布：沖縄島、石垣島、西表島他
前翅長：約48mm

3月も終わりにさしかかると、やんばるのなかでも本部半島には特に多くのコノハチョウが見られるようになる。その名のとおり翅の裏は木《こ》の葉《は》模様で、枯れた葉にそっくりだ（写真①）。一方、翅の表はコバルトブルーを基調としてオレンジ色の帯があり、とてもファッショナブルである（写真②）。

コノハチョウは成虫でも越冬するため年間を通じて見ることができるが、さすがに冬季に見かけるのはまれで、最も多くの個体がいる時期は6〜7月である。成虫は1年のあいだに3〜5回ほど、食草であるセイタカスズムシソウやオキナワスズムシソウ、または周辺の岩や樹木の幹に卵を産む。セイタカスズムシソウは本部半島に、オキナワスズムシソウは国頭3村に多く自生する植物だが、セイタカスズムシソウのほうがはるかに大型で群落を形成する植物であるため、自然と本部半島でコノハチョウの密度が高くなる。

①翅の裏を見せるコノハチョウ。どう見ても枯れ葉にしか見えない

②翅を開いたとき。表側はとても鮮やか

成虫の華麗な姿に比べて、黒っぽい色合いの幼虫はお世辞にもきれいとかカラフルとは言えず、地味に目立たないように暮らしている。そして成虫になると、オスたちは見晴しのよい枝先で頻繁に翅を閉じたり開いたりしてなわばりを守る。なわばりに同種のオスが来ればもちろん、他の虫が来てもオスはすかさずスクランブル発進し、勇猛果敢に侵入者を追い払う（写真③）。メスが来れば追いかけて求愛する。

おそらく日本で最もコノハチョウを撮影している湊が、ここで力説したいことがある。読者の皆さんはきっとコノハチョウの枯れ葉模様を、枯れ枝にとまって鳥などの捕食者から隠れるための擬態だと思っておられるだろう（湊が昔見た図鑑にもそのような図が載っていた）。それが違うのである。いや、擬態は擬態なのだろうが、とまる場所がヘンテコなため、捕食者から逃れる効果がどの程度、有効なのか分からないのだ。

このチョウは枯れ枝にとまらず、緑の葉の上や木の幹にとまることが多い。特に占有行動中のオスは草や樹の上で翅を閉じたり開いたりする。開いた翅の表側はコバルトブルーとオレンジ色。これでは敵にまる分かりではないか。擬態の意味がほとんどない。翅を閉じた標本を枯れ枝にくっつけた写真を載せた図鑑なども昔はあったが、今までそんな光景はいちども実際に見たことがない。あれはきっと想像なのだ。

③侵入者を見つけてスクランブル発進するオス

枯れ葉に似ていながら、その姿を最大限活用していない……その理由はいまだに分からない。しかし観察を通し、「擬態」という現象について他の仮説も考えられる。例えば、

①敵を驚かせる効果というのはありそうだ。つまり、目立たない裏の翅を見せておいて鮮やかな表翅を開くことで、敵の目をくらます効果があるのかもしれない。

②コノハチョウは実は毒をもっているのではないか、という説もある。そうであれば、オレンジや青という派手な色彩の翅を開くことは、鳥たちに毒をもっていることを警告する効果がある。枯れ葉模様の側には特に意味はないということか。

カメラのファインダーを通してコノハチョ

ウを一匹ずつ見ると、枯れ葉模様には個体差があることに気づく。すべての枯れ葉の模様が一枚一枚違うように、コノハチョウの翅の枯れ葉模様も、実は個体によって少しずつ違う。チョウの翅脈《しみゃく》にあるスジがほとんど枯れ葉の葉脈に見える個体も一定割合いるのである。本物の枯れ葉が一枚一枚違うところまで再現してしまう念の入れようには舌を巻くばかりだ。

さらにここで、写真④を見ていただきたい。コノハチョウの前翅《まえばね》の中央には、鱗粉《りんぷん》がない部分がある。ほんのスポットのような点ではあるが、翅のベースは半透明なので逆光のとき光を通す。右と左の前翅が完全に合わさっていると光がその穴を通して射すので、見るとまるで虫食い穴みたいに見えるのだ。

ここまでリアルに似ておいて、野外では枯れ葉のように枯れた木の枝にとまらず、逆に目立つ緑の葉や木の幹にとまることが多いという観察結果は、あまりにも矛盾している。この矛盾の裏には、このチョウにとって隠れた合理的な意味がまだ隠されている……と考えることもできる。

いずれにせよ、将来の科学研究が待たれるところである。

④虫食い穴まで再現して、枝にひっかかる枯れ葉のようだ

南の森の虫たちは、赤いマントで警告する

オオシマカクムネベニボタルとその擬態種

Lyponia oshimana

●昆虫類
コウチュウ目
ベニボタル科

分布：沖縄島、奄美大島
体長：10〜15㎜

春先のやんばるは気温も上がって生き物たちの躍動が始まる。わんさか現れるのは、さまざまな甲虫たちだ。なかでも下草でよく見かけるのは十数ミリのベニボタル類。新緑の葉の上に鮮紅色のこの虫はよく目立つ。こんなに派手だと捕食者の鳥に見つかって食べられてしまわないかと思うが、鳥たちはベニボタルに見向きもしない。実は彼らには毒があるのだ。

捕食者に襲われると彼らは体から臭い液体を分泌し、鳥は悪臭に辟易《へきえき》して虫を吐き出す。ここで赤い体色の出番となる。鳥につらい思い出と体色をセットで記憶させるのだ。目立つ色彩に進化したオオシマカクムネベニボタル（写真①）は、自分たちがまずいことを鳥たちに思い起こさせて警告しているのである。

そしてこの時期、ベニボタルと非常に似た細長い赤紅色で、実はまったく違う種類の甲虫も10種以上、新緑の葉の上にたくさん現れる（写真②〜⑤）。アカハネムシの仲間やアマミアカハネハナカミキリ、シワハムシダマシの赤色型、クニヨシホソクシコメツキなどである。同じ甲虫といってもハムシやカミキリムシ、コメツキムシなどは、ホタルと分類的にかなり遠い虫だ。

彼らは毒をもたない。だからこそ有毒のベニボタルと時期を合わせていっせいに出現することに意味があるのだ。まずい真っ赤なベニボタルに擬態して、本当はまずくないのだけれど「ほら、まずい餌なんだぞー」というメッセージを捕食者に送るミミック（もののまね）をしているのである。序章で述べたベイツ型擬態（20頁）の典型例だ。

ミミックの成否は捕食者の学習能力にかかっている。もし捕食者の記憶力がゼロなら、いくら似ていても意味がない。鳥の記憶力が何カ月続くのかは謎だが、もしミミック甲虫が有毒のベニボタルが現れない秋に出てくれれば、鳥は春先に食べたまずい餌を忘れているかもしれないし、その間に別の場所からやってきた学習していない鳥たちに簡単に食べられてしまうだろう。いっせいに、同じ時期に「まずい餌だぞ」とアピールすることが大切だ。そしてまずい餌もおいしい餌も、みんなよく似た姿であることが重要なのである。

①オオシマカクムネベニボタル（有毒種）

そう、まずい餌としてやんばるには、ミュラー型擬態（同類の有毒種で色かたちが似ること。19頁）に属する有毒のベニボタルの仲間も複数種いる。すべて紅色の、似通った姿かたちである。種名が確定しているのはオオシマカクムネベニボタルとオキナワクシヒゲベニボタルだが、その他に種名がまだ分かっていない、まずいベニボタルもいる。

俳優の悪役商会はみんな悪そうな面《つら》構えをしている。甘い顔立ちだが性格が悪そうとか、童顔だが手癖が悪そうとかでなく、みんな強面《コワモテ》。虫も同じで、毒をもつものももたないものも皆似ていると効率がいい。赤い虫を見たら「とにかく食べるな」と鳥が判断するため、ベイツ型擬態とミュラー型擬態が相乗効果を生むのである。

④アマミアカハネハナカミキリ
（無毒種）

②クニヨシホソクシコメツキ
（無毒種）

⑤アカハネムシの一種（無毒種？）

③シワハムシダマシ（無毒種）

オオゴマダラ

紙が舞うように飛ぶ、日本最大級のチョウ

Idea leuconoe

●昆虫類
チョウ目
タテハチョウ科

分布：琉球列島
前翅長：
70〜80㎜

1月や2月でも気温があまり低くならないやんばるでは、前翅と後翅をゆるりと羽ばたかせてフワリフワリと飛ぶオオゴマダラが見られる。水色の空と緑の葉を背に、白地に黒いまだら模様のきれいな翅。日本最大級のチョウである。時期的に、成虫で越冬した個体かもしれない。このチョウは1年を通して成虫の姿が見られる。日本では喜界島《きかいじま》以南の琉球列島に、海外ではマレー半島からジャワ、フィリピン、台湾にも生息している。

飛んだりとまったりしているメスを見つけたオスは、メスに近づいてその上をホバリングしながら、尾端から瞬間的にヘアペンシルという器官を出す（写真①）。フェロモンをメスに振りかけるためだ。このフェロモンにはメスの行動を抑制する働きがあるという。

さて、交尾をすませたメスのチョウは、産卵のため海岸周辺に飛んでくる。オオゴマダラの幼虫はそのあたりに見られるホウライカガミでしか育たない。アルカロイド毒を有す

るキョウチクトウ科の植物である。先述したフェロモンにはホウライカガミ由来の成分が含まれているのだ。

卵から孵化したての幼虫は明褐色の目立たない格好をしているが、いちど脱皮すると黒色を基調とした目立つ幼虫に変身する（写真③）。黒地に白のリングが10本ほど入り、5、6個ほどの赤い斑点が黒にはえて、宮竹は毒々しく感じてしまう。脱皮を繰り返して成長すると、さらに頭には4本、背には短めの1本、お尻には2本の黒い鞭《むち》か角のような突起が生え、さらにおどろおどろしさが増す。これがあの優雅な白地に黒の大きなチョウになるとは、ちょっと信じられない。このグロテスクな姿は明らかに自分がまずいことをアピールしている。

観察者を驚かせるのは、このグロテスクな警戒色の幼虫が再び大変身することだ。黄金の輝きをまとった蛹になるのである（写真②）。葉からぶら下がる蛹を見ると、

①メス（下）に求愛中のオス（上）。ヘアペンシル（矢印）が確認できる

②黄金色に輝くオオゴマダラの蛹

③ホウライカガミの葉を食べる幼虫

その金色は神々《こうごう》しい感じがするし、顔にあたる部分を正面から見ると、まるで威厳不足なツタンカーメンのマスクのようである。蛹の大きさは4〜5㎝くらいだが、なぜ金色の蛹になるのか、擬態的な意味はおろか、なんの意義もまだ分かっていない。

④逆光で翅の一部がオパール色に輝く

そして、この蛹の金色が成虫であるチョウの翅に受け継がれることは、まだどこにも発表されていないのではないだろうか。
飛んでいるオオゴマダラを下から見上げて驚く瞬間がある。大きな翅が逆光に照らされると一瞬、翅全体がオパール色に輝い

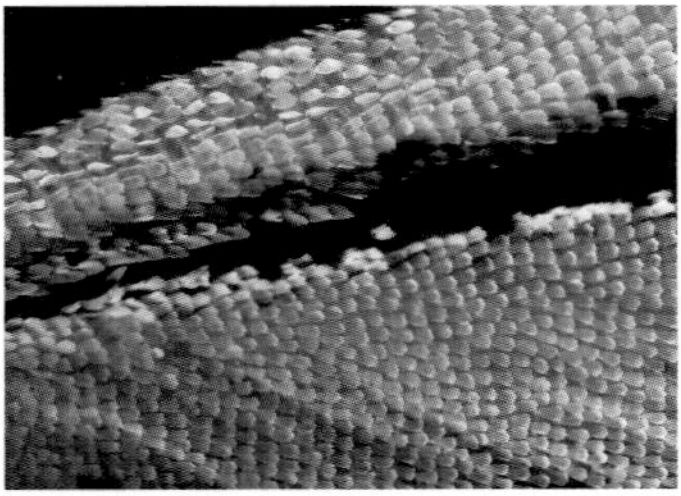
⑤鱗粉を拡大したところ

て見えるのだ（写真④）。蛹の色と関係あるのかと翅の鱗粉をよく調べたら、大部分が白黒である翅の、付け根のあたりだけ黄色みが強い。そこを顕微鏡で見たところ、白と黒の鱗粉の下が金色だった（写真⑤）。チョウの鱗粉は蛹時代の老廃物が変化したものといわれる。詳細なメカニズムは不明だが、これが逆光時に翅をオパール色に輝かせる原因なのだろう。とはいえ、それがチョウにとってなんの意味があるのかも、判明していない。

さて、このチョウがフワリフワリと飛ぶことと、毒草を食べて育つことには関係がある。毒を体に取り入れたチョウは味がまずく、いちどこのチョウを食べた鳥たちは、まずくて吐き出してしまう。まずいチョウだという記憶を鳥に学習させるために、このチョウはわざと敵に「襲ってください」と言わんばかりにフワフワと飛ぶよう進化したと考えられるのだ。しかしこの飛び方は学習能力のある鳥にとっては有効だろうが、学習しないであろう大型のヤンマ類やクモなどにとってはなんの効果もない（湊は、大型のトンボであるリュウキュウギンヤンマがオオゴマダラを捕食するシーンを撮影したこともある）。先述した、このチョウが体内に貯め込む毒成分のアルカロイドは脊椎動物にだけ有効で、無脊椎動物には効かないといわれるからだ。

一方、こうして飛び方によってある程度、毒の警告をするオオゴマダラではあるが、そ

⑥オオゴマダラに擬態するナガサキアゲハのメス（上）

の模様は白地に黒と地味である。なぜ一般の毒チョウのように黒地に赤や黄色のまだらが入るような派手な模様ではないのかというと、「大きすぎて擬態できるモデルがいない」せいではないかと宮竹は想像する。最大級のサイズにも意外なリスクはあるものだ。

逆に、オオゴマダラに擬態するものはいる。本州以南に生息するナガサキアゲハである。このチョウは宮崎県より南になるとごく稀に後翅に突起をもち、腹部の側面がオレンジ色のメスが現れる。これは毒チョウのベニモンアゲハやジャコウアゲハへの擬態といわれるが、さらに奄美大島まで南下すると、今度は前翅の白っぽいメスが出てくるのだ（写真⑥）。これこそオオゴマダラの擬態ではないかという研究がある。

メスだけが、なぜか毒のあるフリをする

シロオビアゲハ

Papilio polytes

●**昆虫類**
チョウ目
アゲハチョウ科

分布：琉球列島、大東諸島
前翅長：約48㎜

後翅に斜めにつらなる白紋からシロオビアゲハと呼ばれる（写真①）。琉球列島に広く分布し、荒地や海岸、林床などに生息する。沖縄島でほぼ通年、石垣島や西表島などの八重山諸島では年間を通して、普通に成虫を見ることができる。

この種はメスの一部が毒チョウに擬態する。実はシロオビアゲハに限らず、チョウではオスは擬態しない。擬態する種があってもメスだけなのである。まずは、なぜメスだけに擬態型が現れるのかについて考えてみよう。いくつかの仮説が提唱されている。

① すべての個体が擬態するのではなく、ある確率で一部の個体が擬態するほうが集団としては得だろうという仮説。その際、擬態によって天敵から保護されるのは卵を産むメスであったほうが全体に有利という説であるが、これは近年の進化生物学では全面的に否定されている。オスがメスを守るために自らを犠牲にするという選択は、人などの高等動

①擬態していないシロオビアゲハ。翅が黒っぽい

物を除いて進化しえないからだ。

②　オスは複数のメスと交尾し、自分の精子をバラ撒けば子どもをたくさん残せるため、普通はメスを厳しく吟味しない。そのため、メスでは擬態型の出現が許される。ところが、メスが産める卵の数はオスの精子に比べて圧倒的に少なく、生殖にかけるコストはオスと比べものにならない。そのためメスはオスを厳しく吟味し、お相手が同種かどうかの識別が当然シビアになる。だからオスには擬態個体の出現は許されない――この説の妥当性は、2021年現在でも検証されていない。

③　オスが交尾のためのなわばりを作るチョウの場合、擬態型オスはこのなわばりをめぐる争いに不利だというもの。アメリカのアゲハチ

ヨウ研究者が1990年代に提唱した仮説だ。実験で、オスに擬態型メスと同じ斑紋をサインペンなどで描くと、そのオスは他のオスに徹底的に攻撃され、なわばりを乗っ取られてしまったという。つまり、擬態するような変異が現れたオスは他のオスからの激しい攻撃を受けて子どもを残せなくなるため、オスには擬態型は拡がらないという仮説である。しかし、琉球列島のシロオビアゲハの場合はオス同士がなわばりを作って争う現象が観察されていないため、この仮説は当てはまらない。

そして④が「コスト仮説」である。モデルに似せる模様のための色素を作るのは、個体にとってコストになるだろう。メスでは卵を残せるという利益が大きく、色素を作るコストは相対的に小さくなるが、オスの場合は擬態によって得られる利益があまりないとしたら——つまり擬態することのコストとベネフィット（利益）の差がメスとオスで異なれば、オスでは擬態は進化しない、という仮説である。この仮説はその後、擬態型は非擬態型よりも生理的な寿命が短いことが明らかになる（つまり擬態はたしかにコストなのだ）などして、検証が進んでいる。

さらにシロオビアゲハでは、メスとオスの飛び方が詳しく比較検討されることで、コストの差がはっきりした。メスは卵を産むときに寄主《きしゅ》植物の葉っぱや花の周りを慎重にゆっくりと飛び、産卵に適した場所を探す。このとき、天敵である鳥に発見される危険性がとても高い。そのためメスではオスよりも擬態の必要性が高い、つまり、擬態によるメリットがより大きいのである。

シロオビアゲハのメスが擬態する理由はこれで分かったとして、他にも不思議な点がある。先述したように、同じメスにも擬態するものとしないものがいることだ。

例えば宮古島では１９７５年に擬態型は20％以下であったが、85年以降は50％に達した。しかし、その後に続く調査では、多い島でも擬態型のメスはせいぜい50％（宮古島・石垣島で50％強。２０１２年）であり、１００％のメスが擬態する島は見つからなかった。すべてのシロオビアゲハのメスがミミックしたほうが生存率は上がるはずではないか？

また擬態する割合も環境に左右されることが分かっている。先島諸島の7島（西表島、小浜島《こはまじま》、波照間島《はてるまじま》、石垣島、宮古島、多良間島《たらまじま》、竹富島《たけとみじま》）で、モデルであるベニモンアゲハの生息密度とシロオビアゲハのメスの擬態型の割合を調べたところ、擬態型が鳥たちに食べられにくい有利な島（ベニモンアゲハが多い島）ほど、擬態型のシロオビアゲハの割合が多いという関係があることが分かった。

実は、これらの観察結果はベイツ型擬態の大前提「頻度依存選択」にかなっていた。捕食者は有毒種の視覚的パターンを生まれつきではなく経験によって学習する。そのため擬態種は、本当の有毒種が多数存在するなかに少数が混ざった状態でないと捕食者をだませない。「この模様の餌、実はまずくないじゃん」と鳥が再学習してしまうからだ。チョウではメスのすべてが擬態しない理由も、毒チョウが多い島で擬態するメスが多くなる理由もそこにあった。特に「モデルが多いところではミミック（擬態型）が増える」という現象を野外で示した前述の研究は世界的にも貴重で、最新の研究では擬態型メスは成虫になるまでの生存率が低いことも分かっている。

そして擬態のダイナミックな進化は、割合にとどまらない。モデルまで変わるのだ。かつて、シロオビアゲハが擬態するモデルは八重山諸島でベニモンアゲハ、沖縄島でジャコウアゲハとされていたが、1993年頃から沖縄島ではジャコウアゲハよりベニモンアゲハに似ている擬態型が増加していることが分かった。沖縄島には分布していなかったベニモンアゲハが北上したのがちょうど93年頃だったのである。

この例や前項のナガサキアゲハに見るように、隔離された南の島では種の盛衰に応じた種分化がさかんで、それだけミミックする種類も数が多くなることが考えられる。

②擬態したシロオビアゲハのメス（右下）とオス（左上）

④ジャコウアゲハ

③ベニモンアゲハ

アカギカメムシ

森にとつぜん現れる、だいだい色のラグビーボールは？

Cantao ocellatus

●**昆虫類**
カメムシ目
キンカメムシ科

分布：沖縄〜九州、四国
体長：17〜26㎜

沖縄でよく見られる樹、アカメガシワ。森の奥深くから民家近くまで、アカメガシワの葉裏に突然、だいだい色のラグビーボールのような形の集団を目にしてぎょっとすることがある。よく見るとそれは、オレンジ色をしたカメムシがボール状に集まった集団だ。その生活史が謎に包まれているとされるアカギカメムシの、以下はやんばるにおける湊の観察記録である。

やんばるの春が過ぎた4月下旬にはアカメガシワの雌株が結実し始める。するとそれまで冬越しのために単独生活を送っていたアカギカメムシの母虫が、どこからともなく飛来して葉裏に１５０個ほどもの卵を産む。

驚くべきことは、このカメムシの子育てだ。母虫は卵塊をほぼ正六角形に産みつける。多くの卵を保護するのに最も適した形なのだろう。母虫はこの卵塊にピッタリ接するようにおおいかぶさり、アリ、寄生蜂などの攻撃から文字どおり身を挺《てい》して卵を守っている（写真①）。母虫は卵の温度管理も行う。炎天下で卵の温度が上がりすぎると、まず脚を伸ばしてすきまを設け、通風をよくする。それでも不十分だと口吻《こうふん》の先端から透明な体液を分泌して、卵塊全体へたんねんに塗りつける（写真②）。気化熱を利用して卵を冷却するのだ。冷却用の体液が不足すると前脚の節間から多量の体液を分泌し、それを口吻ですくい取るようにして利用する。

このような実に献身的な母虫の保護により、やがて1齢幼虫が孵化してくる。それでも母虫はしばらくのあいだ、卵のときと同じような保護行動を続ける。母虫の下で2齢への脱皮を終えたあと、幼虫は母虫から離れていく。しかしその後も、同じ卵塊から生まれた兄弟同士の集団生活はしばらく続く。この頃、繁殖を終えた成虫たちはアカメガシワの葉や枝に集団を作り始める。

8月になると、アカギカメムシは2回目の繁殖も終えて第1化と第2化の成虫が出揃い、アカメガシワの葉裏に大きな集団を形成している。その数、多いときには成虫だけで何万という数になる。これからほぼ半年にわたって成虫集団が見られるが、この頃の集団が最も規模が大きい。葉陰に隠れて、離れたところからではあまり目立たないのだが、炎天下

①卵塊におおいかぶさって保護するメス

②卵の温度を下げるため体液を塗りつけるメス

の森の中でほとんど動きを見せない大型カメムシの巨大集団は、静かなだけによけい不気味さを感じさせる。赤い体色でまずさをアピールする多くのカメムシのうち、この種は集まることでさらに警告の効果を高めている可能性がある。

成虫の体色は、日齢が若く栄養状態のよいときには鮮やかな赤色であるのに、羽化から時間が経過するにつれてオレンジ色、クリーム色と変化する（写真③）。越冬後は灰褐色まで退色するが、なかには吸汁してまた鮮やかな赤になる個体もいる。

アカギカメムシは前世紀末頃に数が減り、なかなか大きい集団に出会えなくなっていた。それが10年ほど前から復活傾向を見せ、最近、まあまあ中程度の集団を見るようになってきた。

③アカギカメムシの成虫集団

やんばるの三大毒ヘビ

ハブ・ヒメハブ・ハイ

ハイ：準絶滅危惧(NT)

Protobothrops flavoviridis（ハブ），
Ovophis okinavensis（ヒメハブ），
Sinomicrurus japonicus boettgeri（ハイ）

●爬虫類
トカゲ目
クサリヘビ科（ハブ / ヒメハブ）/ コブラ科（ハイ）

分布：沖縄諸島、奄美諸島（ハブ/ヒメハブ）/沖縄島、渡嘉敷島、徳之島他（ハイ）

全長：100〜180㎝（ハブ）/30〜80㎝（ヒメハブ）/30〜56㎝（ハイ）

ハブ、ヒメハブに、ハイ。3種類とも、いわずと知れた毒ヘビである。

1980年代には、やんばるの森に入っていると年間だいたい20〜30匹のハブに遭遇した。しかしここ10年ほど、1年間で遭遇するハブの数は、車を走らせていて見かけるのを含めても年に4、5匹程度になってしまった（写真①）。やんばるではむしろ希少種である（やんばる以外の畑周辺などでは、以前よりは減ったとはいえ今も年間数十例の咬傷《こうしょう》者があるのだが）。

ハブはけっこう木に登る。特に夏場は樹上に登って鳥などを捕食するといわれている。やんばるに棲む大型のヘビはハブとアカマタだが、どちらも木に登るのが好きで、湊はいちど怖い思いをしたことがある。

ある晩ケナガネズミをスダジイの樹上で発見して撮影し、翌週やんばるに行くと、また、スダジイの大木の上のほうでガサガサ音がする。2週続けてケナガネズミに会えるとはラッキーだと思って少し斜面を降り、スダジイの根元まで行くとバサッという音がして、目の前に落ちてきたものがハブだった。ハブがもつのはタンパク質分解毒のため、噛まれたら出血が止まらなくなり、毛細血管を破壊するため、内出血やひどいときは筋壊死《きんえし》なども起こる。

鳥類の捕食でいうと、大型のハブがヤンバルクイナを捕食したという報告がある。またハブの死体をX線で撮ったり、解剖してみたら体内からヤンバルクイナが出てきたという事例もある。まれではあろうが、ヤンバルクイナを飲み込むこともできるぐらい、やんばるでハブは脅威的な存在である。

ハブに出会うのは難しいが、ヒメハブはうじゃうじゃいる。大きくても80cm程度。暗褐色のまだら模様で、河原や落ち葉の上にいると本当に隠蔽的で気がつかない（写真②）。

①日本固有種のハブ。沖縄島では 2.4 mの個体も発見された

湊はしょっちゅう踏みそうになるが、攻撃性は弱く、めったに噛まれることはない。方言でヒメハブを、居眠りを意味する「ニーブヤー」と呼ぶが、たしかに間違って踏んでもほとんど反応しないから、「これは眠っているのではないか」と名付けられたのだろう。だからこそ咬傷例が少なく、もし噛まれた場合も致命的な毒ではないので、今まで人が死んだ話は聞かない。ただヒメハブの尾端には顆粒

②ヒメハブ。あまり攻撃的ではないが有毒

③ハイ。強い神経毒をもつ

状の小さな器官があって、ここを刺激すると急に攻撃的になることが多いため、注意が必要だ。噛まれたら大きく腫れるのであなどってはならない。

ヒメハブはとにかくカエルが大好きで、むさぼり食う姿をよく見かける。第2章でも書いたとおり、ハナサキガエルが集団で産卵する3畳くらいの小さな滝壺に、視界に入るだけで13匹のヒメハブが集まっていたこともある。夏場の水たまりによくいるリュウキュウカジカガエルも、ヒメハブにパクパク何匹も食べられている。いま食べたのにまた飲み込んだという感じで首をせわしなくもちあげている様子は、怖いけどユーモラスでもある。

あまりにも有名なハブとヒメハブの陰に隠れてあまり知られていない、ハイという毒蛇もいる（写真③）。

ヒメハブは太短くずんぐりしているがハイはスリム。ハイはコブラ科なので神経毒をもっている。1匹がもつ毒成分を分析したら成人男子5人分の致死量に相当したという報告すらある強い毒性だが、人が噛まれたという報告例はない。その理由を「ハイは骨格の構造上、口を大きく開けられないので人を噛めないから」とする説もよく聞くが、鵜呑みにしてはならない。

湊はあるとき、指の太さくらいはあるオキナワトカゲとハイが昼間に林道で、お互いに口と口で噛みつきあっているのを目撃した。まったく勝敗が決しない膠着《こうちゃく》状態だった。これからどうなるのかと思って、刺激しないよう少し離れてずっと観察していたら、ハイが急にオキナワトカゲの体に巻きついて締め始めた。身動きが取れなくなったオキナワトカゲの頭部に、ハイは口を大きく開けて10回ほど続けて噛みついた。おそらくハイは毒液を注入したのだろう、それまで激しくもがいて抵抗していたオキナワトカゲが急にぐったりしたかと思うと、口から泡を吹いてまったく動かなくなった。するとハイは、やおらオキナワトカゲを飲み込み始めたのである（写真④）。ハイは口を大きく開けられる。少なくとも指なんかは噛まれる可能性がおおいにある。どうかハイにも十分注意してください。はい。

④オキナワトカゲを飲み込むハイ

ハイは毒蛇らしく背中が警告的なオレンジ色と黒のシマ模様で、ハブと同じくいかにも危険そうな色彩をしている。そうはいってもハイはレッドリストのカテゴリーに入るほど個体数が少なくなっているから、そんな危険な遭遇も年に1回、あるかどうかだ。

フタオチョウ

偽の触角で敵をあざむく武闘派チョウ

準絶滅危惧（NT）

県指定天然記念物

Polyura eudamippus

●昆虫類
チョウ目
タテハチョウ科
分布：沖縄島
前翅長：約43㎜（♂）/約50㎜（♀）

暑い夏の日、木の葉の先端にキリリとした姿勢でとまるタテハチョウの仲間である。青い空に大きな黒い縁取りのある白い翅がはえる。日本国内では沖縄島とその近接の離島だけに生息する。沖縄島北部の今帰仁村《なきじんそん》や本部町に多く、本部半島の離島である古宇利島《こうりじま》や瀬底島でも見られていたが、最近は中南部でも増えているようだ。

フタオチョウは、左右のうしろ翅に2対の尾があることからフタオという和名で呼ばれている。このような突起のことを専門用語では尾状突起と呼ぶ。小さなシジミチョウの仲間にも見られるこの尾状突起は、天敵をだます偽の触角として進化したと考えられている。フタオチョウの尾状突起は短いけれど2対あって、尾状突起のつけ根と後翅の裏側には、わりとしっかりした2個の小さな目玉模様と、5個の黒点もセットでついている（写真①）。

フタオチョウは樹にとまって樹液を吸いながら後翅をずらすように動かす。そうすると

①後翅の一部が尾のように長く、触角のように見える

③上端が切り取られたような
形の卵

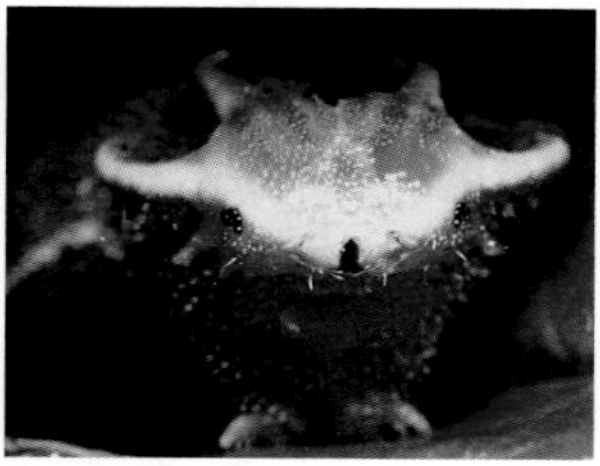

②幼虫には固い角がある

2対の尾状突起がまるで本物の触角のように見える。尾状突起をチョロチョロ動かすことで、鳥やトカゲなどの注意をそっちに向けさせる効果があるのだ。頭についている本物の触角はほとんど動かさない。天敵は確実に獲物を仕留めたいため、たいてい獲物の頭部（実は尾状突起側）を狙って攻撃する。本体はその反対方向に飛び立つため捕まる確率は低くなるし、翅はちょっとくらい破れても致命傷にはならない。

④高い枝先でなわばりを守るオス

フタオチョウのオスは、コノハチョウと同じように自分のなわばりをもつ。梢《こずえ》など見晴らしのいいところで占有行動をとるオスの姿をよく見かける（写真④）。もちろんオスは自分のなわばりにメスが来るのを待っているのだが、このチョウはやんばるに生息するチョウのなかでいちばんと思われるほど飛翔力に長《た》けている。ゆえにテリトリーに侵入するライバルオスや他のチョウ、昆虫も追いかけて激しく撃退する。ときに小鳥まで追う様子を見ることがある。チョウが鳥を追いかけるのだ。これだけ飛翔力が強いのは、強い飛翔筋が発達している証拠である。

幼虫の食草としては、クロウメモドキ科のヤエヤマネコノチチとニレ科のリュウキュウエノキが確認されている。フタオチョウは幼虫も変わった姿をしていて、成虫とは逆に頭部に2対4本の角が後ろ向きに生えている（写真②）。海外に生息するこの種の仲間では、キチン化していて固いこの角を使って幼虫同士が戦ったという観察もあるという。餌資源をめぐる争いかもしれない。尾端で葉っぱにくっつき、上半身を激しく振って角をぶつけ合うそうだ。

フタオチョウの卵は、先に述べた食草の葉の表面か裏面に1個ずつ産みつけられる。その形は基本的には球形だが、上側の4分の1ほどが切り取られたように平らで、他のチョウではあまり見られない奇妙な形をしている（写真③）。幼虫は葉の中央に糸を吐いて台座を作り、そこに静止していることが多い。終齢幼虫で体長7㎝にも達する大型である。体長30〜35㎜の蛹で冬を越す。成虫は樹林で樹液や熟した果実、獣の糞、そして動物の死骸などに飛来し、吸汁する。花からの吸蜜行動はほとんど観察されないが、湿地で水を吸っているところはよく報告されている。

沖縄に生息するフタオチョウは1968年に沖縄県の天然記念物に指定され、採集が禁止された。

ユーモラスな表情でヨタヨタ歩くおっトリ屋さん

アマミヤマシギ

絶滅危惧Ⅱ類（VU）

県指定天然記念物

Scolopax mira

●**鳥類**
チドリ目
シギ科

分布：沖縄諸島、奄美諸島
全長：約36㎝

大きさは鶏ほど。背中は、黒色と茶褐色に灰色か白のストライプが混じった模様の羽毛でおおわれている（写真①）。この鳥の特徴として目立たないという点が挙げられる。申し訳ないが、地味という表現がとてもしっくりくるように思う。

他に外見で目につくのは鋭く長いくちばしと、わりと頑丈な脚だろうか。両脚でがっしりと立ち、長いくちばしを草地や地面の穴に突っ込んで、地上に徘徊する昆虫や地中のミミズや虫を食べているのだろう、また地味なのは外敵に襲われない保護色なのだろう……と想像されてきたが、近年、おもに奄美大島で解明が進んだ生態はまさに、その予想どおりだった。

奄美大島の調査は２００８年から11年にかけて行われた。以前からこの鳥は夜間、林床に静止していることが多いとされてきたが、自動撮影カメラを使って調べると、たしかに

①地上でしばしば静止しており、カメラを向けても逃げないことが多い

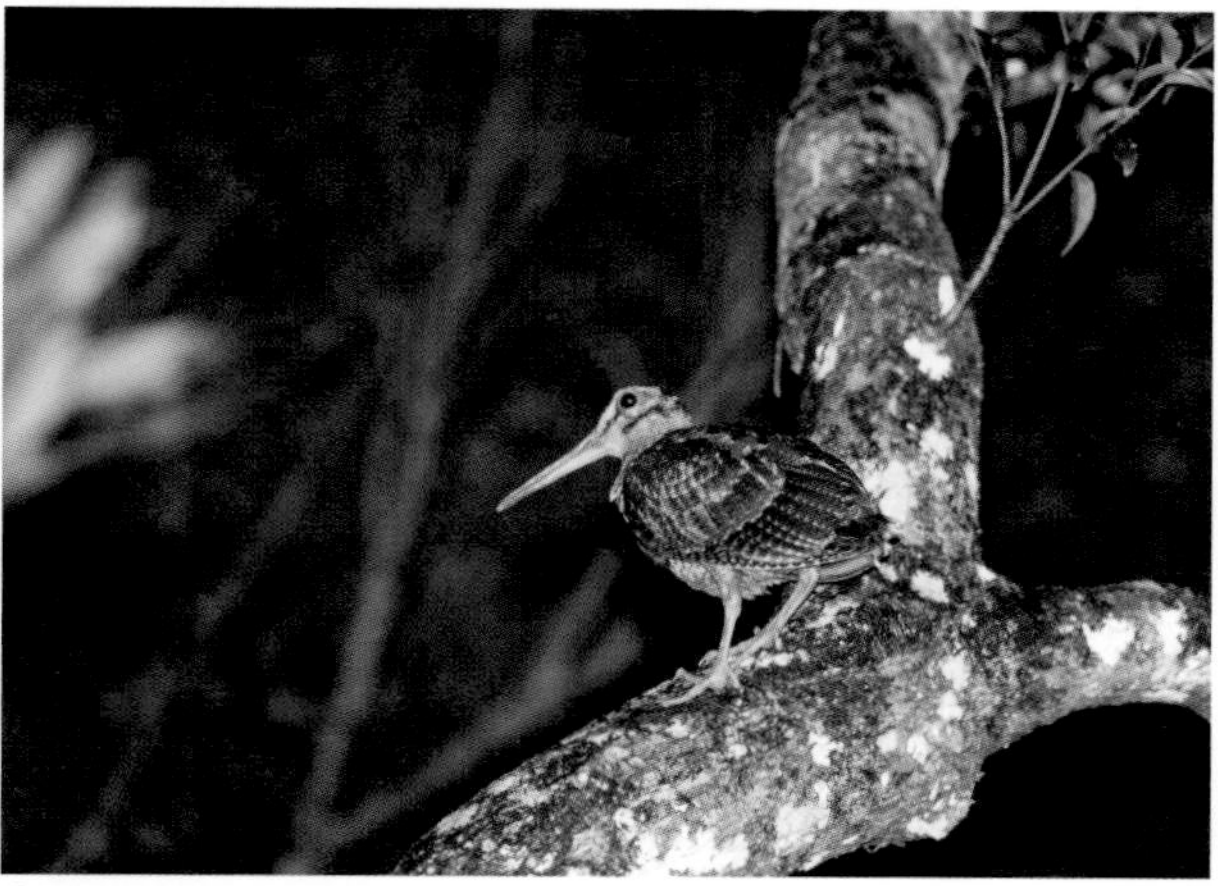

②樹上にとまることもある

昼は自動シャッターに写らず、夜に撮影される。ただし厳密には、より頻繁に撮影される時間帯はふたつに限られた。最初は早朝の5〜6時で、次は夕刻の18〜19時である。薄明《はくめい》薄暮（はくぼ）のこの時刻は動きが目立たず天敵に襲われにくい。また昆虫などがよく活動する時刻でもあるため、餌を採るのに適しているはずだ。おそらくその両方が理由だろう（ただしこれらは林道沿いで行われた調査の結果であり、林内に設置された自動撮影カメラでは、日中にアマミヤマシギがくちばしを地面に突っ込んで餌を食べている写真も撮影された）。

この鳥は出会ってカメラを向けようとしても、ユーモラスな表情でこちらをうかがっていたり、ヨタヨタと歩いて移動することが多く、危険を感じない限り飛び立たない。夜行性の鳥なのだが、夜間も林床の開けたところにじっとしていることが多く、あまり活動的とはいえない。ときどき夜間でも樹上にとまっていることがある（写真②）。なにかに驚くと、地上から樹上に飛んで移動することもある。これも天敵がいない琉球列島の山間部でのびのびと暮らしてきて、のんびりした行動が進化できた証《あかし》かもしれない。

こういった記録を総合すると、少なくとも奄美大島でアマミヤマシギは夜行性というより、「いつでも行動しているが、特に人と遭遇する機会が夜間に限られていた」ということなのかもしれない。3年間の調査を経ても、この鳥の生態にはまだまだ謎が多いのである。

繁殖期は2月下旬から5月であり、奄美大島では巣の中で2~4個の卵を抱いているメス親の目撃記録がある。繁殖期には「ブーブー」「グエー」などといった声を発して鳴くそうだ。また求愛に疲れて地面でボーっとしているオス鳥を目撃したという情報もある。

奄美群島では留鳥《りゅうちょう》として分布しているこの鳥は、1980年にその生息が確認されたように、以前からやんばるにもいたようだ。しかし当地での繁殖は分かっていない。もしかしたらほとんど天敵のいない林内で、本当に「ボーっとして」太古の時代から暮らし続けてきたのかもしれない。

しかし繁殖地である奄美大島でも、アマミヤマシギは冬期にまったくその姿を見かけなくなる(自動撮影カメラにも撮影されない)。冬のあいだこの鳥がどこにいるのかは不明である。沖縄に南下して冬を越しているのだとか(体つきからはそんなに飛べそうに見えないが)、林から出て平地に降りているのではとか、もっと観察したら実は林内にいるのではないか、という仮説が提唱されている。

本種は近年まで奄美大島の固有種とされてきた。しかしその後、やんばるの他、徳之島、渡嘉敷島でも留鳥として生息が確認されるようになった。

COLUMN ③

やんばるの林道 人と自然の接点の功罪

やんばるの森の中を走る大国林道。希少生物の生息地の分断も生じる

やんばるには、網の目のように林道が貫いている。県管理の大国《おおくに》林道は全長35.5kmもあるうえ、村管理も含めた多くの林道に通じる。これらの林道がなければ、やんばるに生息する野生生物に遭遇できる機会は激減するにちがいない。調査、観察には欠かせない反面、ロードキルの原因や、違法採集の恰好のアプローチにもなってしまう、まさに諸刃《もろは》の剣だ。このデメリット解消のため、国頭村管理の林道は2016年から夜間通行を許可制にし、効果をあげている。さらに2019年から県管理林道も含めて通行規制実証実験を行っている。

第4章　サイズ変化

――気温や密度が体の大きさを変える

1964年、フォスター博士が提唱した法則に、島嶼生態系では大型動物は小さく、小型動物は大きくなるというものがある。資源の不足や早熟することの利点から大型動物は小型化し、捕食者の不在や餌をめぐる競争が、小型動物を大型に進化させる。

ケナガネズミは琉球列島で巨大化した

パニック!? 全長70㎝のネズミ

ケナガネズミ

絶滅危惧ⅠB類(EN)

国指定天然記念物

Diplothrix legata

●哺乳類
ネズミ目
ネズミ科

分布:沖縄島、徳之島、奄美大島
体長:22〜33㎝

ケナガネズミはとにかく大きい。ほとんど子犬か子猫くらいの大きさだ。「島に棲む小型動物は体サイズが大きくなる」というフォスターの法則の典型である。

体重も500gからときには700gを超えるものもいて、日本に生息する自然分布種のネズミのなかでは最も大きい。このネズミは天敵の少ないやんばるの森の中で、少ない餌資源を夜行性の他の動物たちと奪いあうために、そのサイズを大きくしていったのであろう。

完全に夜行性で、夜に林道を歩いていると林道を横切る姿や、林道の脇にそびえる樹に登っていく姿をライトが照らすなかに見ることがある。しっぽが長く、愛くるしいくるりとした眼で木の上からこちらを見ていたりする(写真②)ので、たまに目が合って見つめあうこともある。そんな僥倖《ぎょうこう》にめぐまれたら誰でも魅入られてしまうだろう。

繁殖は9月から2月の冬場である。いちどにメス親が産む子どもの数は2〜12匹で、幼獣を見かけるのは12月から3月だ（写真③）。もちろん冬も活動する。これは毎晩のように同じところで観察されて、1カ所に3個体くらい幼獣がいた。成獣は何年か生きる。

ケナガネズミは国の天然記念物にもなっていて、やんばるを代表する希少種である。生息地はやんばるのほか、徳之島、奄美大島で、同じく国の天然記念物であるオキナワトゲネズミ（48頁）も同様の生息パターンを有する。トゲネズミのほうはその3島でそれぞれ種分化しているのだが、ケナガネズミは3島に生息地は分断されていても1種、つまり同じ種である。

さらにトゲネズミが地上性で地中にトンネルを掘って繁殖しているのに対して、ケナガネズミは基本的に樹上性である。樹上性だけあって、巣穴も木のウロの中に作る。アリを含む昆虫やミミズ、ナメクジも餌として食べる雑食性ではあるが、季節ごとの木の実を主食にしている。5、6月ならアカメガシワの実、8月からだったらハゼノキの実、といった具合だ。最近行われた調査でケナガネズミの餌として31種類の植物と10種の動物種が報告されたが、このリストを見る限り、ヤンバルクイナ（30頁）やホントウアカヒゲ（56頁）などと餌資源が似通っていることが分かる。

①バランスを取るのに便利な尾。和名の由来となった長い毛も分かる

たいへんに木登りがうまく、体が大きいくせにとても細い枝先をアクロバティックに隣の枝へと駆け抜けたりする。ここで役立っているのが、30㎝ほどもある長い尾である（写真①）。見ていると、細い枝上でバランスを取るときなどでたいへん巧みに活用しているのだ。例えば細い枝の上からその身を乗り出すと尾を高くもちあげてバランスを取り、前肢を手のように使って木の実を食べたりする。まるでリスのようだ。ケナガネズミという名前は背中の体毛の一部が非常に長いことに由来しているが、パッと見た際の形態的な特徴はあくまで大きいことと、頭胴長《とうどうちょう》に匹敵するほど長い尾だろう。

やんばるの天然記念物指定16種のなかでオ

②樹上でハゼノキの実を食べる姿はリスのようだ

キナワトゲネズミが最も希少な種であることは間違いないが、2番目に出会いづらいのがこのケナガネズミである。2000年頃までは、やんばるでも見かけるのが非常に難しい希少種だった。

湊が初めて撮影できたのが今から三十数年前のこと。それ以降もどんなにやんばるの林道を歩いても、20年でわずか4回、計5個体（1回はつがいだった）しか出会わなかった。それほど数が少なかったのだが、2010年頃になって個体数がなぜか急激に増えた。ひと晩で6個体もケナガネズミを見ることがあったほどだ（沖縄県が17年にまとめた『レッドデータおきなわ』にも、11年と12年に個体数が最も増加したと記載されている）。しかし14年頃から目撃頻度が減り始め、16年以降は再びあまり見かけなくなった。

個体数が増えた理由はスダジイの実（ドングリ）の豊作が続いたことと森林伐採の一時的な規模縮小にあるといわれているが、その頃やんばるの林道の多くが舗装されたのも遠因になるかもしれない。道のすみに落ち葉が大量に溜まり、ケナガネズミが食べやすい餌であるミミズがその路面上に増えたのだ。実際、舗装された道路上でケナガネズミがミミズを食べていたという目撃例もある。また個体数が再度減少した理由としては、ノネコによる捕食の可能性も指摘されている。どちらも仮説にすぎないため、さらなる調査が必要だ。

ケナガネズミが樹上性になった理由は、琉球列島にリスがいないためかもしれない。つまり、やんばるではリスとの競争がないのである。北側にはニホンリス、南側にはタイワンリスが分布しているが、ここはリスの空白地帯なのだ。樹上性で木の実を主食とするリスの、空白地帯なのだ。琉球列島はちょうど空白地帯なのだ。ケナガネズミはそのニッチを利用して、ライバルのいない樹上で木の実を主食とする生態に適応進化したのでは、と湊は考えている。

③幼獣は12月から３月の冬季に見られる

このネズミ、尾の先端が白いのも特徴である。なぜ白いのだろうか？ 筆者たちもそれを知りたい。

南下するほど小さくなる大型動物

リュウキュウイノシシ

Sus scrofa riukiuanus

●哺乳類
ウシ目
イノシシ科
分布：沖縄島、西表島、石垣島、徳之島、奄美大島他
体長：50〜110㎝

本土でイノシシといえば山の神ともいわれ、大きいものになると300kgにも成長する哺乳類である。ところが、沖縄島に生息する亜種、リュウキュウイノシシはとても小さく、大きく成長しても体重40〜50kg、どれだけ大きくても70kgが最大である（写真①）。やんばるの森で出会うと、イノシシというより中型の犬に出くわしたかなと思う。これは「資源の不足から小型サイズで早熟したほうが他者との競争に勝てる」という理由で「大型動物は島では小型化する」というフォスターの法則に当てはまる例だと考えられる。ケナガネズミとは逆に作用した例だ。

やんばるの山の中に踏み入ると、ヌタ場といわれるところをよく見かける。イノシシがブタみたいな鼻で地面を掘り起こして、そこにいるミミズや昆虫の幼虫、ヘビなどの爬虫類まで食べる場所だ。イノシシは他に木の根っこなども食べる。まさに雑食の典型のよう

①犬？と一瞬思うほどリュウキュウイノシシは小さい

②水場に現れたカラスに身をゆだね、寄生虫を取ってもらう（自動撮影）

④背の毛以外が皮膚病で抜けたと思われる幼獣

③毛の短い成獣。交雑種と思われる

な食生活だ。なかでもリュウキュウイノシシが栄養的に大きく依存しているのは、地上に落ちているスダジイやオキナワウラジロガシなどの木の実である。

さて、このリュウキュウイノシシで最近、気になることがある。全身の体毛がとても短いイノシシが多くなってきていることだ。原因のひとつは、沖縄の豚肉が以前にもまして有名になり、やんばるでも行われるようになってきた養豚にあるだろう。もともとブタは、野生のイノシシから人間が育種して作った家畜である。近くにイノシシと養豚所から逃げ出したブタがいれば、遺伝的に近い両者は簡単に交配する。体全体の毛が短くなった写真③のイノシシは、ブタの遺伝子の影響を強く受けた結果の交雑個体だと考えられる。最近では純粋なリュウキュウイノシシの遺伝子をもつ個体はきわめてまれだとも聞く。

イノシシの毛が短くなるもうひとつの原因が皮膚病である。その場合は背中だけ毛が残っていたりする。写真④は幼獣だが、背中だけ毛が残っていて他は抜けているので皮膚病なのだろう。

写真家の視点で書くと、リュウキュウイノシシを撮影するのはとても難しい。彼らは非常に神経質で警戒心が強い。そのためカメラを構えて撮影する写真はいつも、とても緊張した面構えで固いしぐさのリュウキュウイノシシ、という結果になってしまう。

ところが最近、事情は変わった。安価で手に入るようになった自動撮影のカメラを森の中にセットすると、非常に多くのイノシシが撮影でき、その表情やしぐさが実にリラックスしていて楽しげなのだ。例えば、滝壺で水を飲んでいるイノシシのところにリュウキュウハシブトガラスがやってくると、イノシシは警戒するどころか水を飲むのをやめてドテッと水辺に寝そべってしまった。カラスはその体に飛び乗って背中をついばみ始めた（写真②）。おそらく体についた寄生虫を食べてもらっているのだろう。写真家の前で大きな体をドテッと倒して寝そべる野生のイノシシなんぞ、ついぞ見かけることはない。

C O L U M N ④

やんばるの米軍訓練地

皮肉にも環境保護に貢献？

2016年に返還された旧北部訓練場の北側の森

やんばるの中核をなす広大なエリアは、ごく最近まで米軍北部訓練場として運用されてきた。ベトナム戦争当時にはヘリ降下訓練などもさかんに行われたが、ほとんどはジャングルでのゲリラ戦を想定した演習やサバイバル訓練だったため、大きく自然環境が損なわれることもなかった。結果、大規模な伐採や開発がなされた森よりも希少生物の生息に適したエリアとして残った。実に皮肉なことである。2016年12月にその過半の4000haが返還され、その後やんばる国立公園に編入、2021年世界自然遺産に登録された。

第5章　謎解き中

――「珍しさ」の理由が未解明の生物たち

やんばるには、研究者が日夜調べてもなおその生態が分かっていない、ミステリアスな生き物も多い。湿潤亜熱帯雨林における生態の謎解きは生物学に新しい視点をもたらすだろうし、この森を将来にわたって守るためにも重要である。

同種なのに色違いがいるオキナワトラフハナムグリ

ナナホシキンカメムシ

メタリックグリーンの洒落者、メスに土下座!

Calliphara exellens

●昆虫類
カメムシ目
キンカメムシ科
分布:沖縄〜奄美大島
体長:18〜20㎜

9月から3月にかけて沖縄の森を歩いてみると、黄緑から青緑を帯びた黄金のように輝く虫たちが樹の葉裏に集まっているのを見かけることがある(写真①)。まるで宝石のような緑がとにかくきれいである。この宝石のような虫たちはナナホシキンカメムシの越冬集団だ。7月は、新しく羽化した成虫の集団が観察される。

沖縄の夏、カメムシのオスは新成虫になるとメスにまとわりつき、不思議な動きを見せる。メスを探す個体はよく見かけるものの、求愛行動は見つけるのに苦労するだけに、出会ったときの感慨はひとしおだ。

まず1匹のオスが葉の上で、1匹のメスの周りをグルグルと円を描くように回りだす。これが求愛行動の始まりである。するとメスはときどき、体を細かく左右に1秒程度揺らす。オスは何度かメスの周りを回ってから、メスを追いかけて触角の先端でメスの体に触れようとする。オスが何回かこの行動を繰り返すと、メスはオスの気持ちをとうとう察したかのようにオスのほうを向いて、両者は向き合う。ときにはオスとメスの2匹が縦に並んで葉の上を歩き始め、葉の端でどちらかがくるりと向きを変えて向かいあうこともある。

どちらの場合も、向かいあうとやがてメスは触角と口吻《こうふん》を伸ばしてオスの体に触れたりする。するとオスは、頭を葉にすりつけるように前かがみとなり、お尻をもちあげて土下座ポーズをとる（写真②）。メスはしばらくオスの背中を触ったりするが、やがて互いに向かいあう。そしてオスが脚を上げてメスをなでながらマウントし、交尾にいたる。交尾ではたいていのカメムシがそうするように、このカメムシも尾端にある生殖器同士を連結させ互いに反対を向いて、受精の体勢に入る。首尾よく交尾を終えるとオスは飛び去っていく。メタリックグリーンに輝く宝石のような虫たちが葉の上でたわむれているさまは、まるでおとぎの国のショーを見ているようで惹《ひ》かれてしまう。

本種は秋になるといろんな植物（なんと有毒のクワズイモでも）の葉裏で集団を作るが、その後分散し、翌春3月頃からは、おもに寄主《きしゅ》植物であるオオバギに集まりだす。幼虫の栄養はオオバギの実に強く依存しているのだ。ただし、求愛行動はよく寄主以外の植物で観察される。

①葉裏で越冬するナナホシキンカメムシの集団

②オスは求愛中に土下座ポーズをする

③琉球列島に多く自生するカンコノキ類の樹液を吸う新成虫

また7月にはカンコノキ類の幹に新成虫が集合して吸汁が観察される（写真③）。これはカメムシ類では珍しい行動である。色彩といい状況といい、カメムシというより金属光沢のきれいなカナブンの集団のようで、これも思わず魅入ってしまう美しさだ。なお、なぜある虫たちがメタリック色の金属光沢をもつのかもこれからの謎解きである。

沖縄のメジャーなホタルは明滅しない

オキナワマドボタル

Pyrocoelia matsumurai matsumurai

●昆虫類
コウチュウ目
ホタル科

分布:沖縄島、古宇利島(久米島に別亜種)
体長:8〜10㎜

①葉にとまっているオス成虫

ホタルといえば光を明滅させてメスとオスのコミュニケーションをとることで有名である。ところが、琉球列島には光を明滅させないホタルがいる。というよりも、明滅させるホタルは琉球列島ではクロイワボタルのオスやクメジマボタルくらいで、他は明滅しないものが多いのだ。

オキナワマドボタルというホタルも光を明滅させず、メスが地面でボーッと光っているだけだ。それには理由がある。この種のメスは幼形のまま成熟しているからだ。これをネオテニー(幼形成熟)と呼ぶ。オスは翅があってホタルらしい形（写真①）でメスを探し、メスは動かないながら、オスにアピールするために光るのである。このほうが効率的に出会えるのだ。実は甲虫のメスでネオテニーはよく見られ、世界でおよそ40科にもおよぶ。ホタルの他、コメツキムシ、ベニボタル、ジョウカイボン、グローワーム甲虫などだ。

成虫の体つきをしたオスが幼体のメスを見つけて交尾をしている様子は、まるで子どもと大人が交尾しているような奇妙な光景である（写真②）。が、メスには成熟した外部生殖器があるため、これは昆虫のノーマルな交尾形態なのである。

②オスと、幼虫の姿のメスの交尾ペア

ホタルのなかで、幼虫が水中生活をしてカワニナ（巻貝）を餌にするのはゲンジボタル、ヘイケボタル、クメジマボタルの3種だけだ。あまりにもゲンジボタルが有名なので、世間ではこれが典型的なホタルと思われているが、さにあらず。ゲンジボタルやヘイケボタルは、ホタル界では非常にマイナーな生活史をもった存在であり、主流派は幼形成熟した飛ばないメスをもつ種なのである。

めったに会えない、黒いメス

オキナワトラフハナムグリ

Paratrichius duplicatus okinawanus

●昆虫類
コウチュウ目
コガネムシ科
分布：沖縄島、久米島
体長：10〜14㎜

3月から4月にかけてやんばるの林道を歩いていると、林床の緑の葉の上に甲虫の一種、オキナワトラフハナムグリがいる。触角の先が大きく薄いヘラ状の3枚に分かれているのはオスだ（写真①）。メスにこんな大きな触角はない（写真②）。

生息密度はそれほど高くない。感覚的には、最盛期に虫の探索に長《た》けた湊が探しつつ歩いて10〜15分に1匹、見つかるかどうかだ。この虫は沖縄島では北部に、それ以外は久米島に分布している。

以前はオオシマオオトラフコガネと呼ばれていた。赤褐色のベースに黄色と黒の虎斑《とらふ》模様があって、新緑の葉っぱの上でとても目立ち、広げた大きな触角をグンッと伸ばすさまはいかにも元気そうで、春が来た歓びを全身で表しているようだ。

この虫には褐色型だけでなく、まれに黒色型もいる（写真③④）。50匹に1匹程度だろう

①オキナワトラフハナムグリ、褐色型のオス

④黒色型のメス。林床での遭遇率は0.1%以下である

②褐色型のメス

③黒色型のオス

か。褐色型とはどうやら性質も異なるらしくとても神経質で、撮影しようとするとすぐに飛んで逃げてしまう。褐色型には撮影中もしばらくじーっとしているやつがいるのと対照的だ。もしかしたら褐色型より目立つから神経質なのかもしれない。

また林床で観察できる黒色型はほとんどがオスだ。この種でメスの出現率はオスの20〜30分の1だから、黒色型のメスの出現頻度を単純計算してみると1500匹に1匹くらいとなる。これは希少だ。湊は40年のあいだこの虫を追いかけているが、黒色型のメスは3匹しか目撃できず、そのうち撮影できたのは2匹だけである。

林床で撮影しているとほとんどオスにしか出会えないわけだが、メスはどこにいるのだろうか。実は長竿《ながさお》につけた捕虫網でオスのいる林冠の近く、樹高10mくらいに咲いている花をスイーピングすると、けっこうメスが採れる。ではメスとオスはどこで交尾しているかと探すと、地面近くの緑の葉っぱの上で交尾ペアを見かける（写真⑤）。

確認されていないだけで、樹の高いところでも交尾が生じている可能性はあるため、どこで頻繁に交尾しているのかは、実はまだ解明されていない。それでも観察されるオスとメスの数や場所がこんなに異なるからには、配偶行動の仕組み、それも「レック」と呼ばれる配偶システムが関係していると推測することはできる。

レックとは同じ性の個体同士が集まって異性をおびき寄せ、集団で交尾するシステムである。通常レックはオスがある場所に集まって「ここに自分たちオスがいるぞ」とアピールするのが普通だが、オキナワトラフハナムグリはどうやらメスが高い樹上で集まってフェロモンを放出し、林床付近にいるオスがそれに誘引されるようだ。オスばかり立派な触角をもっているのは、メスが発するフェロモンをその大きな触角で感知しているからにちがいない。そして、オスの大きな眼はメスや天敵を見つけるために有効だろう。そうすると、メスがレックを作るケースもあるということだろうか。

謎は深まるばかりだが、レックを作る目的は、オスとメスがまばらに生息する動物が効率的に交尾をするためと考えられている。そのあたりがヒントになるのかもしれない。

⑤交尾シーンをとらえられるチャンスはとても少ない

東アジアに広くいる、さすらいの天然記念物

カラスバト

準絶滅危惧(NT)

国指定天然記念物

Columba janthina janthina

●鳥類
ハト目
ハト科

分布:沖縄〜本州
全長:約40㎝

全身が黒く、頭部や頸部《けいぶ》から胸にかけて紫や緑色がかった金属的な光沢を放つ鳥だ(写真)。日本では中部以南全域に分布。昔のやんばるや沖縄諸島にはリュウキュウカラスバトという近縁種もいたが、1936年に南大東島で採集された記録を最後に生存は確認されていない。このリュウキュウカラスバトは日本最大のハトだったという。翼長253㎜、尾長188㎜というから、全長44㎝を超えるサイズとなり、カラスバトよりひと回りは大きい。かなり前に絶滅してしまったため生態はよく分かっておらず、食性が重なっていたかどうかも不明だが、もしかしたら大きさが災いしてカラスバトとの餌獲得競争に敗れ、絶滅してしまった可能性はある。

天然記念物のカラスバトは非常に警戒心が強く、おそらくやんばるの鳥のなかではいちばん用心深い。飛ぶときに特有の羽音をたてるので、撮影する湊は逃げていくその羽音ば

広く分布するが遭遇は少ないカラスバト。国の天然記念物だ

かり聞かされている。海岸近くの広葉樹林などに生息し、内陸部森林でも見かける。餌は植物を主食としシイ、タブ、ツバキとその他の常緑広葉樹の堅果《けんか》を好む。

繁殖期にはテリトリーを作るが、本土ではこの時期、ほとんど森林の奥にいるため姿を見ることは少ない。沖縄島では海岸林から山地の林間、およびリュウキュウマツと広葉樹の混交するような森林内で見られる。繁殖のための「ウッウー、ウッウー」という特有の鳴き声は9月頃から聞こえてくる。

カラスバトは冬でも繁殖する。伊平屋島では冬期の1月に鳴き声が多く聞かれ、森林上空を高く飛び回ったりオスがメスを追尾したりする繁殖期の行動が観察されている。

リュウキュウアカショウビン

人気の「赤いカワセミ」の、さらに亜種

Halcyon coromanda bangsi

●鳥類
ブッポウソウ目
カワセミ科

分布：琉球列島
全長：約27㎝

春から夏のやんばるで「キョロロロー……」という鳥のさえずりが聞こえてくる。その風情《ふぜい》ある物悲しい鳴き声を聞いて、どんなに趣《おもむき》のある鳥かなと想像していると、期待を裏切るド派手で真っ赤なこの鳥が現れるのだ（写真①）。「えっ？　なんだ、この鳥が鳴いていたの？」とギャップを感じる。

リュウキュウアカショウビンはなんといってもオレンジ色の胴に濃い朱色の羽、明るい赤の脚と派手な色合いが特徴。体も立派だが、とりわけ目を引くのは太く大きく真っ赤なくちばしである。翼を広げたその長さはおよそ40㎝だ。

アカショウビンはカワセミの仲間で、日本国内にはふたつの亜種が生息し、九州より北ではアカショウビンを、奄美以南の琉球列島ではリュウキュウアカショウビンを見ることができる。

アカショウビンは日本と朝鮮半島、フィリピン、中国大陸、インドまで東アジアと東南アジアに広くみられる鳥で、「火の鳥」の異名がある。カワセミの漢字表記は翡翠、宝石のヒスイである。ではショウビンはなにかというと、カワセミを表す古い言葉だそうだ。それが赤いのでアカショウビン（赤翡翠）という和名がつけられたとされる（翡翠はショウビンとも読む）。

この鳥もノグチゲラと同様、くちばしで樹に巣穴を掘って子育てをする。すごく太くて丈夫そうなくちばしではあるが、キツツキのように堅い木は掘れないようで、フカフカに腐っているような柔らかな朽木を選んで巣穴を作る。

発泡スチロールの巣をあてがって西表島で繁殖行動を観察した報告では、巣は5月下旬から6月上旬に作られ始め、1週間ほどで完成するとある。6月下旬から7月上旬に卵を抱く親鳥の姿が、7月の中・下旬にはヒナの孵化が観察されている。ひとつの巣からは3、4羽のヒナが育つようだ。

やんばるでこの鳥の巣を観察していると、見た目の派手な美しさに反して、ゲテモノの餌ばかりもってくるのでちょっと引いたりする。例えばムカデ類、ヤスデ類、小型のヘビ類、キノボリトカゲなど、ふつう人が嫌がりそうな多足類が無類《むるい》の好物なのである。湊が観察した例では、オオゲジをくわえてきたこともあった。くわえられたオオゲジが、リュウキュウアカショウビンの大きなくちばしに捕らえられながら一生懸命に体と脚を絡めてうごめきもがく姿は強烈な印象となって残っている。オカヤドカリ類を岩にたたきつけて割り、捕食したという記録もある。

リュウキュウアカショウビンはやんばるだけでなく、沖縄島の中南部の森の中でも見かけるし、石垣島や西表島に行くと民家の物干し竿などに昼間、とまっていたりもする。たまに九州以北でも見つかることもある。記録としては2006年に、リュウキュウアカショウビンの死骸が鳥取市内で発見されたことがあるという。

やんばる、特に大宜味村には「ブナガヤー」と呼ばれる樹の精の伝説がある。沖縄で樹の精というとガジュマルに生息するキジムナーが有名だが、「ブナガヤーは赤い」という言い伝えがあり、昔からリュウキュウアカショウビンはブナガヤーの使いもしくは化身として地元の人たちに一目《いちもく》置かれていた鳥である。

なんといっても体全体が真っ赤なんだもの。森の中で真っ赤な鳥が飛べば、それは誰でも目を奪われたことだろう。

①赤く立派なくちばしが目を引くリュウキュウアカショウビン

②夜は枝で休息する姿を見かけることが多い

「やんばるらしい」風景を作ってくれる植物たち

スダジイ・ヒカゲヘゴ

Castanopsis sieboldii（スダジイ），
Cyathea lepifera（ヒカゲヘゴ）

●植物
ブナ目
ブナ科（スダジイ）/ヘゴ目
ヘゴ科（ヒカゲヘゴ）

分布：沖縄～本州（スダジイ）
/琉球列島（ヒカゲヘゴ）
樹高：15～20m（スダジイ）
/7～15m（ヒカゲヘゴ）

やんばるの景観を代表する樹種として、スダジイとヒカゲヘゴは欠かせない。

やんばるの極相林で最も数が多く、その景観を決めている樹木はなんといってもスダジイ（地元ではイタジイと呼ばれることが多い）である。人の手もなにも入れない湿潤亜熱帯樹林は、おもにスダジイとオキナワウラジロガシで構成されるのだ。両種を合計するとやんばるの森全体の6割を占めるといわれる（写真②）。

スダジイの分布は広く、北は千葉県までスダジイの森はある。それがやんばるを代表する存在になるのは、形が本州とは圧倒的に違うからだ。温帯のスダジイ林は30ｍくらいまで高く垂直に伸び、半球状に葉を茂らせる。一方やんばるのスダジイはまっすぐに上に伸びず横に枝を広げ、樹冠に葉が密生するブロッコリーのような樹形になる。するとやんばるの林はブロッコリーを敷き詰めたような、特徴的な亜熱帯林の様相を呈するのだ。

なぜ、琉球列島のスダジイは横に枝を広げるのか？　それは台風が押さえつけているせいだと考えられる。沖縄はご存じ台風銀座である。温帯のように高く伸びてしまうと、樹自体が折れやすくなる。そのため樹高をせいぜい20m程度にとどめ、その代わり横に張り出して日光を集めた——勝手な想像かもしれないが、おそらくこれが真相だろう。

やんばるの森が別名ドングリの森と呼ばれているように、このスダジイと2番手のオキナワウラジロガシは、ドングリを非常にたくさんつける樹だ（写真①）。これがやんばるを生き物の宝庫にしている。リュウキュウイノシシやケナガネズミ、オキナワトゲネズミなど、やんばるを代表する動物たちの主要な栄養源になっているのだ。やんばるの生き物はまさにスダジイの森に守られて暮らしている。数が多いだけではなくて、やんばるの森全体のエネルギー循環に重要な役割を果たしているのだ。

次にやんばるで目を引く植物はヒカゲヘゴだろう（写真③）。ヒカゲヘゴは見た目がヤシの木にも似て、まるで映画の『ジュラシック・パーク』の世界に飛び込んだような錯覚に陥る。まさに恐竜がドンと出てきてもなんの不思議も感じないだろう。

シダの仲間で、国内最大になるのがこのヒカゲヘゴだ。7～15mくらいにも成長する。温帯ではシダの仲間は「足元に生えている草」というイメージがあるため、沖縄でヒカゲヘゴを見ると「ここは温帯じゃないな、亜熱帯だな」と実感させられる。

ヒカゲヘゴはごつごつした樹皮をもち、やんばるに暮らす動物たちに貴重な居場所を提供する。ヤンバルクイナなどもとても登りやすい樹種だ。普通にまっすぐ伸びてしまうと登りにくいが、ときどき斜めに伸びるヘゴがある。日陰に生えたところへ林道などができて近くに日が当たるようになり、途中から向きを変えたのだろう。それこそ、ヤンバルクイナが登るのに適した傾きだ。

さてヒカゲヘゴは渓流沿いに生えることが多い。さすがにシダだけあって湿潤、水の豊富なところに生えるわけだ。ヒカゲヘゴが生きていくためには本当に水が必要なのだと実感したことがある。あるヒカゲヘゴの群落を撮影したところ、そのすぐ下に渓流が流れていることがあとから分かった。辺野喜《べのき》ダムの支流で水分の豊富な場所だった。ところが撮影の翌年、渓流に砂防ダムができると、群落はまるごと枯れてしまったのである。いったん枯れてしまった植物の群落は戻ってこない。

②スダジイとオキナワウラジロガシに代表されるやんばるの樹林

①多くの動物が糧としているスダジイの実

③木生シダのヒカゲヘゴは南国らしい景観を作る

おわりに

やんばるのゴールは世界自然遺産になることではない。太古より無数の命があり、それらの命は、相互の命とやんばるの環境と互いに作用しあって遺伝子を次の世代へ、次の世代へと受け継いできた。そしてそれはこれからも続いていくのだ。やんばるには多くの人の暮らしもある。それらを含めて、私たちはやんばるを見守ることになる。温暖化や地殻変動など、地球規模の出来事によってやんばるに棲む生き物たちの顔ぶれが変わることもある。生物多様性の維持と同時に考えるべきは、生物にやさしい生息環境の保全である。

筆者たちがやんばるに出会ってから、すでに40年以上の月日が経とうとしている。そのあいだに姿を消してしまった生き物もいる。固有種はもちろんやんばるの恵みが生んだ象徴であり、大事な財産だが、それらだけが大切なわけではない。過去には名前も知られず、その栄枯盛衰を終えた生き物たちもいる。そこには私たちが見ることのできない、そして知ることのできない小さな生き物たちも暮らし続けているのだ。

世界自然遺産になるには「顕著な普遍的価値」、「完全性」が求められた。そして適切な保護管理体制が保障されなくてはならない。命は次々とその場所にやってきては消えていき、遺伝子は環境に合わせて変わり続けていく。それが進化であり、これからもやんばるに暮らす生き物たちの時は流れ続ける。これまでと同じように進化していくのだ。顕著な普遍的価値を有するとされる地形や地質、生態系、絶滅のおそれのある動植物の生息・生育地なども、長い時間スケールで見れば変わり続けていくものだ。私たちには、やんばるを見守る義務と責任が生じる。

本書は1978年以来、やんばるで湊が撮り続けた生物の写真を見ながら2人で議論を重ね、おもに湊の観察へ宮竹の生物学的考察を加えてまとめたものである。70年代から何度もやんばるで昆虫調査をした宮竹にとって、湊は琉球大学昆虫学教室の2年先輩だ。

2018年の春、(宮竹が)岡山で観察しているカゲロウの写真を撮るため、湊が来岡《らいこう》し、やんばるの自然について岡山大学でセミナーを行った。そのおりの湊の提案によって本書の企画が始まった。それから3年。世界自然遺産に登録が決まるというタイミングで、やんばるの自然と生物を読者にお楽しみいただけたとしたら、喜ばしい限りです。

endemic frog *Babina holsti* as revealed by mitochondrial DNA. Zoological Science 31 (2), 64-70
9) 高桑正敏. 1995. コノハチョウは木の葉に擬態しているのか？—タテハチョウ類の生存戦略を考える　自然科学のとびら 1 (2). 神奈川県立生命の星・地球博物館
10) Owen J. 2014. コノハチョウ擬態の謎、解明か—徐々に？ それとも突然に？ ナショナルジオグラフィック　2014年12月12日オンラインバージョン
11) Suzuki TK et al. 2014. Gradual and contingent evolutionary emergence of leaf mimicry in butterfly wing patterns. BMC Evolutionary Biology 14, 229 DOI: 10.1186/s12862-014-0229-5
12) Lindström L. 2010. The art of animal colouring. Nature 463 (161)
13) Katoh M. et al. 2020. Mimicry genes reduce pre-adult survival rate in *Papilio polytes*: A possible new mechanism for maintaining female-limited polymorphism in Batesian mimicry. Journal of Evolutionary Biology 33 (10). 1487-1494

【4章】

1) Foster JB. 1964. The evolution of mammals on islands. Nature 202, 234-235
2) 久高奈津子・久高將和. 2017. 沖縄島やんばる地域におけるケナガネズミの食性と生息環境. 哺乳類科学　57 (2), 195-202
3) Lomolino MV. 2005. Body size evolution in insular vertebrates: Generality of the island rule. Journal of Biogeography 32 (10), 1683-1699

【5章】

1) Ogawa M. 1905. Notes on Mr. Alan Owston's Collection of Birds from the Islands lying between Kyushu and Formosa. Annot. Zool. Jap Vol.V. 175-232 + Pl. XI
2) 安座間安史・原戸鉄二郎. 1993. 本部町の鳥類相について (中間報告), "本部町動植物総合調査 (動物調査中間報告)", 本部町教育委員会, 本部町, 4-21
3) 小菅丈治・河野裕美. 2009. 八重山諸島におけるリュウキュウアカショウビンによるオカヤドカリ類の捕食 (1) 石垣島北岸で捕食されたオカヤドカリ類の大きさと宿貝の種組成, 南紀生物　51 (2), 89-95
4) 小林さやかほか. 2012. 鳥取県鳥取市で確認された亜種リュウキュウアカショウビン *Halcyon coromanda bangsi* の記録. 日本鳥学会　61 (2), 314-319
5) Fry CH et al. 1992. Kingfishers : Bee-eaters and Rollers. Christopher Helm, London
6) 矢野晴隆・上田恵介. 2005. リュウキュウアカショウビンによる発泡スチロール製人工営巣木の利用. 日本鳥学会　54 (1), 49-52
7) 宮城秋乃. 2014. ナナホシキンカメムシの求愛と交尾の方法. 月刊むし　516, 34-35
8) 石川忠ほか. 2012. 日本原色カメムシ図鑑　第3巻. 全国農村教育協会　p. 458
9) Hämäläinen M. 2016. Calopterygoidea of the world. : A synonymic list of extant damselfly species of the superfamily Calopterygoidea (sensu lato) (Odonata:Zygoptera). Espoo, Finland
10) South A et al. 2011. Correlated evolution of female neoteny and flightlessness with male spermatophore production in fireflies (Coleoptera: Lampyridae). Evolution 65 (4), 1099-1113
11) 尾園暁ほか. 2012. 日本のトンボ (ネイチャーガイド). 文一総合出版

description of a new species. Zootaxa 2767, 25-40
3）美しき金色の斑紋　奄美のイシカワガエル，新種に認定．朝日新聞DIGITAL 2011年2月19日 9時10分配信
4）Matsui M et al. 2005. Multiple invasions of the Ryukyu Archipelago by Oriental frogs of the subgenus Odorrana with phylogenetic reassessment of the related subgenera of the genus Rana. Molecular Phylogenetics and Evolution 37(3), 733-742
5）Werner YL et al. 2004. The varied foraging mode of the subtropical eublepharid gecko *Goniurosaurus kuroiwae* orientalis. Journal of Natural History 38(1), 119-134
6）Werner YL et al. 2006. Factors affecting foraging behaviour, as seen in a nocturnal ground lizard, *Goniurosaurus kuroiwae* kuroiwae. Journal of Natural History 40(7-8), 439-459
7）Honda M et al. 2014. Phylogenetic relationships, genetic divergence, historical biogeography and conservation of an endangered gecko, *Goniurosaurus kuroiwae* (Squamata: Eublepharidae), from the Central Ryukyus, Japan. Zoological Science 31(5), 309-320
8）中本敦ほか．2009. 沖縄諸島におけるオリイオオコウモリの分布と生息状況．哺乳類科学　49(1), 53-60
9）金城和三「ダイトウオオコウモリ」「オリイオオコウモリ」「ヤエヤマオオコウモリ」　沖縄県の絶滅のおそれのある野生生物（レッドデータおきなわ）―動物編―．沖縄県文化環境部自然保護課編．2005年．20-21, 37-38
10）下地幸夫．2005. 沖縄のクワガタムシ．新星出版

【3章】
1）Nishida R et al. 1996. Male sex pheromone of a giant danaine butterfly, *Idea leuconoe*. J Chemical Ecol 22, 949-972
2）上杉兼司．1999. 擬態　だましあいの進化論1　昆虫の擬態．上田恵介（編）．築地書館　73-93
3）Tsurui-Sato K et al. 2019. Evidence for frequency-dependent selection maintaining polymorphism in the Batesian mimic Papilio polytes in multiple islands in the Ryukyus, Japan. Ecology and Evolution DOI: 10.1002/ece3.5182
4）Uésugi K. 1996. The Adaptive Significance of Batesian Mimicry in the Swallowtail Butterfly, *Papilio polytes* (Insecta, Papilionidae): Associative Learning in a Predator. Ethology DOI: 10.1111/j.1439-0310.1996.tb01165.x
5）Katoh M et al. 2017. Rapid evolution of a Batesian mimicry trait in a butterfly responding to arrival of a new model. Scientific Reports 7:6369 | DOI:10.1038/s41598-017-06376-9
6）Kubo K. 1963. On the life history of the great nawab, or *Polyura eudamippus* weismanni Fritze of Okinawa Island, 蝶と蛾　14(1), 14-22
7）Toussaint EFA, Balke M. 2016. Historical biogeography of Polyura butterflies in the oriental Palaeotropics: Trans-archipelagic routes and South Pacific island hopping. Journal of Biogeography 43(8), 1560-1572
8）Tominaga A et al. 2014. Genetic diversity and differentiation of the Ryukyu

【1章】
1）Harato T, Ozaki K. 1993. Roosting behavior of the Okinawa rail. J. Yamashina Inst. Ornithol 25, 40-53
2）尾崎清明. 2002. ヤンバルクイナの保全生物学的研究　東邦大学学位論文　p.1-92
3）Yamashina Y, Mano T. 1981. A new species of rail from Okinawa Island. J. Yamashina Inst. Ornithol 13（3）, 147-152
4）Ozaki K. 2009. Morphological differences of sex and age in the Okinawa Rail *Gallirallus okinawae*. Ornithol Sci 8（2）, 117-124
5）Ozaki K et al. 2010. Genetic diversity and phylogeny of the endangered Okinawa Rail, *Gallirallus okinawae*. Genes Genet. Syst 85（1）, 55-63
6）Kobayashi S et al. 2018. Dietary habits of the endangered Okinawa Rail. Ornithol Sci 17（1）, 19-35
7）Yagihashi et al. 2021. Eradication of the mongoose is crucial for the conservation of three endemic bird species in Yambaru, Okinawa Island, Japan. Biological Invasions
8）加藤克. 2006. 明治初期の「自然史」通詞 野口源之助：ノグチゲラの名前の由来（試論）. 北大植物園研究紀要　6, 1-24
9）猪又敏男. 1995. 神奈川県にゆかりの深いチョウ類とその関連資料　自然科学のとびら　1（2）. 神奈川県立生命の星・地球博物館
10）山田文雄ほか. 2009. オキナワトゲネズミの再発見と，トゲネズミ研究の最近　哺乳類科学　49（1）, 133-135
11）黒岩麻里. 2014. トゲネズミ—Yなくしてオスがうまれる　生物工学　第92巻, 630-631
12）関伸一. 2012. アカヒゲ　バードリサーチニュース Vol.9 No.1
13）Seki S-I, et al. 2007. Phylogeography of the Ryukyu robin（*Erithacus komadori*）: Population subdivision in land-bridge islands in relation to the shift in migratory habit. Molecular Ecology 16（1）, 101-113
14）Honda M et al. 2012. Phylogeny and biogeography of the Anderson's crocodile newt, *Echinotriton andersoni*（Amphibia: Caudata）, as revealed by mitochondrial DNA sequences. Molecular Phylogenetics and Evolution 65（2）, 642-653
15）Utsunomiya T, Matsui M. 2002. Male courtship behavior of tylototriton（Echinotriton）andersoni boulenger under laboratory conditions. Current Herpetology 21（2）, 67-74
16）Matsui M et al. 2016. Unusually high genetic diversity in the *Bornean Limnonectes* kuhlii-like fanged frogs（Anura: Dicroglossidae）. Molecular Phylogenetics and Evolution 102, 305-319
17）Suwannapoom C et al. 2016. Taxonomic revision of the Chinese Limnonectes（Anura, Dicroglossidae）with the description of a new species from China and Myanmar. Zootaxa 4093（2）, 181-200
18）Matsui M et al. 2010. Systematic reassessments of fanged frogs from China and adjacent regions（Anura: Dicroglossidae）. Zootaxa 2345, 33-42

【2章】
1）宇都宮妙子ほか. 1980. イシカワガエルの生態　採集と飼育　第42巻6号, 323-325
2）Kuramoto M et al. 2011. Inter-and intra-island divergence in *Odorrana ishikawae*（Anura, Ranidae）of the Ryukyu Archipelago of Japan, with

参考文献

やんばるについてさらに知りたい方は次の文献を読んでください。

【全編における参考】

1）池原貞雄・加藤祐三. 1997. 沖縄の自然を知る. 築地書館
2）安間繁樹. 2001. 琉球列島―生物の多様性と列島のおいたち. 東海大学出版会
3）水田拓・高木昌興. 2018. 島の鳥類学―南西諸島の鳥をめぐる自然史. 海游舎
4）盛口満・宮城邦昌. 2017. やんばる学入門―沖縄島・森の生き物と人々の暮らし. 木魂社
5）佐々木健志ほか. 2016. 生態写真と鳴き声で知る 沖縄のカエル 全20種. 新星出版
6）沖縄県. 2017. 改訂・沖縄県の絶滅のおそれのある野生生物 第3版（動物編）. レッドデータおきなわ
7）世界の動物遺産 日本編. 2015. p.177. 集英社
8）小原秀雄ほか. 2000. 動物世界遺産 レッド・データ・アニマルズ④インド, インドシナ p.211. 講談社
9）東清二編著. 1996. 沖縄昆虫野外観察図鑑 全7巻. 沖縄出版
10）東清二監修. 2002. 増補改訂 琉球列島産昆虫目録. 沖縄生物学会
11）湊和雄. 1998. 南の島の昆虫記. 沖縄出版
12）湊和雄. 2012. 沖縄やんばるフィールド図鑑. 実業之日本社
13）環境省レッドリスト2019 https://www.env.go.jp/press/files/jp/110615.pdf
14）多和田真淳監修・池原直樹著. 1989. 沖縄植物野外活用図鑑. 新星図書
15）初島住彦・天野鉄夫. 1994. 増補訂正 琉球植物目録. 沖縄生物学会

【序章】

1）公益社団法人 日本ユネスコ協会連盟 https://www.unesco.or.jp/isan/about/
2）Japan's UNESCO World Heritage Sites https://www.japan-guide.com/e/e2251.html
3）外務省ウェブサイト
4）Holt B et al. 2013. An Update of Wallace's Zoogeographic Regions of the World. Science 339(6115), 74-78
5）巌佐庸ほか. 2013. 岩波 生物学辞典 第5版. 岩波書店
6）Stevens GC. 1989. The latitudinal gradient in geographical range: How so many species coexist in the tropics. American Naturalist 133(2), 240-256
7）Cuthill IC et al. 2017. The biology of color. Science 357|DOI:10.1126/science.aan0221
8）Lomolino MV. 2005. Body size evolution in insular vertebrates: Generality of the island rule. Journal of Biogeography 32(10), 1683-1699
9）Blanckenhorn WU, Demont M. 2004. Bergmann and converse Bergmann latitudinal clines in arthropods: Two ends of a continuum? Integrative and Comparative Biology 44(6), 413-424
10）Foster JB. 1964. Evolution of mammals on islands. Nature 202, 234-235
11）Whittaker RJ. 1998. Island biogeography: ecology, Evolution, and conservation. Oxford University Press, UK

索引

湊　和雄　みなと・かずお（写真・写真説明・コラム・監修）
1959年、東京都生まれ。動物写真家。78年琉球大学入学に伴い沖縄に渡る。琉球大学大学院修士課程（昆虫学専攻）修了。同大学資料館勤務を経て、94年よりフリーランス。琉球列島の生物と環境を撮り続けている。『沖縄やんばるフィールド図鑑』（実業之日本社）など著書多数。日本自然科学写真協会SSP副会長、日本写真家協会JPS会員。

宮竹貴久　みやたけ・たかひさ（本文）
1962年、大阪府生まれ。岡山大学教授。琉球大学大学院修士課程（昆虫学専攻）修了。理学博士（九州大学）。沖縄県職員、ロンドン大学生物学部客員研究員を経て現職。日本生態学会宮地賞などを受賞。『「先送り」は生物学的に正しい』（講談社＋α新書）、『したがるオスと嫌がるメスの生物学』（集英社新書）など著書多数。

朝日新書
822

世界《せかい》自然《しぜん》遺産《いさん》やんばる
希少生物の宝庫・沖縄島北部

2020年7月30日第1刷発行

著　者　湊　和雄
　　　　宮竹貴久

発行者　三宮博信
カバーデザイン　アンスガー・フォルマー　田嶋佳子
印刷所　凸版印刷株式会社
発行所　朝日新聞出版
〒104-8011　東京都中央区築地5-3-2
電話　03-5541-8832（編集）
　　　03-5540-7793（販売）

Published in Japan by Asahi Shimbun Publications Inc.
ISBN 978-4-02-295075-8
定価はカバーに表示してあります。

落丁・乱丁の場合は弊社業務部（電話03-5540-7800）へご連絡ください。
送料弊社負担にてお取り替えいたします。